普通高等教育"十三五"规划教材

Learning Guidance and Exercise Solutions for
Fundamental Concepts of Physics Optics

物理光学基础教程
学习指导和习题解答

刘娟 韩遇 胡滨 周雅 章婷 ◎ 编著

北京理工大学出版社
BEIJING INSTITUTE OF TECHNOLOGY PRESS

内 容 简 介

本书是与《物理光学基础教程》（刘娟、胡滨、周雅编著）配套的教学和学习参考书。本书对《物理光学基础教程》各章内容进行了总结、归纳、提炼；按照教学大纲要求，列出了各章的学习目的、学习要求、基本概念和公式等；对《物理光学基础教程》中的所有习题进行思路分析和点评，并提供详细的解答。此外，本书补充了 5 套模拟试题。

本书可以作为光学工程类、光学测量类、光电信息类等专业的学生学习物理光学的教学参考书，也可供其他专业的本科生、硕士生和博士生学习物理光学时参考，还可以作为相关专业硕士研究生和博士研究生入学考试的复习参考书。

版权专有　侵权必究

图书在版编目（CIP）数据

物理光学基础教程学习指导和习题解答/刘娟等编著 .—北京：北京理工大学出版社，2019.9（2023.3 重印）

ISBN 978 – 7 – 5682 – 7636 – 8

Ⅰ.①物… Ⅱ.①刘… Ⅲ.①物理光学 – 高等学校 – 教学参考资料 Ⅳ.①O436

中国版本图书馆 CIP 数据核字（2019）第 206966 号

出版发行 /	北京理工大学出版社有限责任公司
社　　址 /	北京市海淀区中关村南大街 5 号
邮　　编 /	100081
电　　话 /	（010）68914775（总编室）
	（010）82562903（教材售后服务热线）
	（010）68944723（其他图书服务热线）
网　　址 /	http://www.bitpress.com.cn
经　　销 /	全国各地新华书店
印　　刷 /	廊坊市印艺阁数字科技有限公司
开　　本 /	787 毫米 × 1092 毫米　1/16
印　　张 /	10
字　　数 /	191 千字
版　　次 /	2019 年 9 月第 1 版　2023 年 3 月第 2 次印刷
定　　价 /	36.00 元

责任编辑 / 梁铜华
文案编辑 / 曾　仙
责任校对 / 周瑞红
责任印制 / 李志强

图书出现印装质量问题，请拨打售后服务热线，本社负责调换

PREFACE 前言

本书是与《物理光学基础教程》（刘娟、胡滨、周雅编著）配套的教学参考书。本书分为4章：光波的基本性质、光的干涉、光的衍射和光的偏振。

根据教学大纲、考试大纲和部分院校硕士研究生入学考试大纲的要求，针对每章的重点和难点，我们编写了学习目的、学习要求、基本概念和公式等内容，对《物理光学基础教程》中的习题提供了详细的解题思路和方法，并进行了较详细的解答。

为了方便读者检查自己对知识掌握的程度，本书还提供了5套模拟试题。这些试题均来自我们在多年教学过程中积累和收集的期末考试试题和研究生入学试题，题型有名词解释、选择题、填空题、简答题和计算题等。

本书在某种程度上弥补了目前在教学过程中因课时和习题课一再减少的缺憾，希望对提高学生分析问题和解决问题的能力有一定的帮助。建议读者在使用本书时先思考、做题，再看思路点拨和解答过程。

感谢所有参与授课的教师和北京理工大学光电学院2016级、2017级的本科生在本书的编写过程中提出的宝贵意见和建议，感谢张智齐、阚俊杰、许两发3位学生在为本书收集整理资料、绘图以及计算机输入等方面给予的帮助。

由于笔者水平有限，时间仓促，书中的解答不一定是最佳的，或者还有错漏之处，敬请读者指正。

编　者

目 录
CONTENTS

第1章 光波的基本性质 ··· 001
    学习目的 ··· 001
    学习要求 ··· 001
    基本概念和公式 ··· 002
    习题解答 ··· 008

第2章 光的干涉 ··· 035
    学习目的 ··· 035
    学习要求 ··· 035
    基本概念和公式 ··· 036
    习题解答 ··· 051

第3章 光的衍射 ··· 067
    学习目的 ··· 067
    学习要求 ··· 067
    基本概念和公式 ··· 068
    习题解答 ··· 075

第4章 光的偏振 ··· 099
    学习目的 ··· 099
    学习要求 ··· 099
    基本概念和公式 ··· 100
    习题解答 ··· 103

模拟试题 A ………………………………………………………………	129
模拟试题 B ………………………………………………………………	132
模拟试题 C ………………………………………………………………	135
模拟试题 D ………………………………………………………………	139
模拟试题 E ………………………………………………………………	145
参考文献 …………………………………………………………………	151

第1章

光波的基本性质

■ **学习目的**

　　知悉和理解光波的基本性质及描述方法，包括：光的电磁理论基础；光波的数学描述；光在两种均匀、各向同性介质界面传播时的现象；傅里叶光学的数理基础。

■ **学习要求**

1. 理解积分和微分形式的麦克斯韦方程组，理解物质方程的推导过程。
2. 理解电磁场的波动性，理解振动与波动的区别；掌握波动微分方程的应用，以及光速与折射率的基本概念和应用。
3. 熟悉平面波、球面波和柱面波的简谐波形式和复数形式；熟悉各空间参量和时间参量之间的关系，并能熟练转换各种表达形式。
4. 理解平面电磁波的性质。
5. 掌握辐射能、坡印亭矢量的表达及意义。
6. 理解并掌握电磁场的边值关系。
7. 理解光波从一种介质进入另一种介质时，各时间参量与空间参量的关系；掌握反射定律、折射定律，理解菲涅尔公式，掌握反射率和透射率的计算方式。
8. 理解并掌握布儒斯特定律及其应用。
9. 理解全反射，了解倏逝波。
10. 了解金属表面的透射和反射，了解光的吸收、色散和散射。

■ 基本概念和公式

1. 麦克斯韦方程

麦克斯韦方程是表达电磁现象的一组数学模型，它将光的电磁理论归纳为一组与矢量 **E**、**B**、**D**、**H** 有关的方程，以描述电磁波的传播规律。麦克斯韦方程包括法拉第电磁感应定律、电场高斯定律、磁场高斯定律和麦克斯韦安培定律，其积分形式为

$$\oint_C \boldsymbol{E} \cdot \mathrm{d}l = -\iint_A \frac{\partial \boldsymbol{B}}{\partial t} \cdot \mathrm{d}S \tag{1-1}$$

$$\oiint_A \boldsymbol{D} \cdot \mathrm{d}S = -\iiint_V \rho \mathrm{d}V \tag{1-2}$$

$$\oiint_A \boldsymbol{B} \cdot \mathrm{d}S = 0 \tag{1-3}$$

$$\oint_C \boldsymbol{H} \cdot \mathrm{d}l = \iint_A \left(\boldsymbol{J} + \frac{\partial \boldsymbol{D}}{\partial t} \right) \cdot \mathrm{d}S \tag{1-4}$$

其微分形式为

$$\nabla \times \boldsymbol{E} = -\frac{\partial \boldsymbol{B}}{\partial t} \tag{1-5}$$

$$\nabla \cdot \boldsymbol{D} = \rho \tag{1-6}$$

$$\nabla \cdot \boldsymbol{B} = 0 \tag{1-7}$$

$$\nabla \times \boldsymbol{H} = \boldsymbol{J} + \frac{\partial \boldsymbol{D}}{\partial t} \tag{1-8}$$

2. 物质方程

为了描述电磁场的普遍规律，除了利用上述涉及 **E**、**D**、**B**、**H**、**J** 各矢量关系的麦克斯韦方程组的 4 个等式外，还要结合一组与电磁场所在空间介质有关的方程，即物质方程。其可表示为

$$\boldsymbol{D} = \varepsilon \boldsymbol{E} \tag{1-9}$$

$$\boldsymbol{H} = \frac{1}{\mu} \boldsymbol{B} \tag{1-10}$$

$$\boldsymbol{J} = \sigma \boldsymbol{E} \tag{1-11}$$

公式（1-9）描述了电位移矢量 **D** 和电场强度矢量 **E**（简称电场 **E**）之间大小和方向的关系。该式可进一步表示为

$$D = \varepsilon_0 E + P \tag{1-12}$$

通常,描述介质特性的参数 σ、μ、ε 不仅与介质的性质相关,还与电磁场的时间频率有关,因此它们一般不是常数,有色散,只有在真空时才被认为是常数。P 称为电极化强度矢量,它表示在电场 E 作用下,单位体积介质中分子电偶极矩的矢量和。当电场 E 符合"微扰原理"时,有

$$P = \varepsilon_0 [\chi] E \tag{1-13}$$

式中,$[\chi]$ 称为介质的电极化率,是二阶张量。$[\chi]$ 的表达式为

$$\begin{pmatrix} \chi_{11} & \chi_{12} & \chi_{13} \\ \chi_{21} & \chi_{22} & \chi_{23} \\ \chi_{31} & \chi_{32} & \chi_{33} \end{pmatrix}$$

对于玻璃、空气这类介质,$[\chi]$ 各元素为相同常数,可简化为标量 χ_0。这说明 P 是和 E 方向相同、大小成比例的矢量,这类介质称为各向同性介质。对于各向同性介质,物质方程(1-12)可表示为

$$D = \varepsilon_0 (1 + \chi_0) E = \varepsilon_0 \varepsilon_r E \tag{1-14}$$

式中,$\varepsilon_r = 1 + \chi_0$,称为"相对介电常数"。

式(1-14)表明,对于各向同性介质,相对介电常数 ε_r 和介电常数 $\varepsilon = \varepsilon_0 \varepsilon_r$ 均是与电场 E 方向无关的标量,因而 D 和 E 方向相同、大小成比例。

对于以晶体为代表的一类介质,$[\chi]$ 是含有 9 个元素的二阶张量,由公式(1-13)可以看出,P 是方向和大小均与 E 有关的矢量,这类介质称为各向异性介质。对于各向异性介质,物质方程(1-12)可表示为

$$D = \varepsilon_0 [\varepsilon_r] E = [\varepsilon] E \tag{1-15}$$

3. 电磁场的边界条件

电磁波在介质中传播时遵循麦克斯韦方程组,当电磁波从一种介质进入另一种介质时,由于界面两侧的介质常数 ε、μ 不同,因此界面两侧的电磁场在界面上的边界条件可表示为

$$u \times (E_2 - E_1) = 0 \tag{1-16}$$

$$u \cdot (B_2 - B_1) = 0 \tag{1-17}$$

$$u \cdot (D_2 - D_1) = 0 \tag{1-18}$$

$$u \times (H_2 - H_1) = 0 \tag{1-19}$$

4. 矢量波

矢量是既有大小又有方向的物理量。光波的本质是矢量波,在通常情况下,

描述光波的物理量 E（或 D）和 B（或 H）是矢量，其振动方向和传播方向都需要用矢量来描述。矢量波可以分解成不同方向上的标量波的叠加。

5. 标量波

标量也称为无向量，在物理中表示只有数值大小（部分有正负）而没有方向之分的物理量。当光波的波函数是标量时，对应的光波为标量波。

但在某些特殊情况下，光波电场 E 和磁场 B 的振动方向不随空间和时间而变化，此时 E 和 B 成为标量，这类波称为标量波。此外，在涉及光波在均匀各向同性介质中传播和叠加问题时，矢量波可以分解为直角坐标系中的三个分量，每个分量波的振动方向都不随空间和时间坐标而变化，每一个分量波都可以作为标量波来处理。

6. 电磁波的波动微分方程

描述电磁波在介质或真空中传播的二阶偏微分方程，是波动方程的三维形式，其可由微分形式的麦克斯韦方程导出。电磁波在均匀、各向同性、透明、无源介质中传播时，可以写为

$$\nabla^2 \boldsymbol{E} = \mu\varepsilon \frac{\partial^2 \boldsymbol{E}}{\partial t^2} \quad (1-20)$$

$$\nabla^2 \boldsymbol{B} = \mu\varepsilon \frac{\partial^2 \boldsymbol{B}}{\partial t^2} \quad (1-21)$$

波动微分方程的解有很多形式，如平面波、球面波、柱面波以及其叠加形式，其通解形式为

$$\psi(x,y,z,t) = \psi_0(x,y,z)\exp[\mathrm{j}(\boldsymbol{k}\cdot\boldsymbol{r}-\omega t+\varphi_0)] \quad (1-22)$$

式中，r 为位置矢量；k 为三维电磁波的波矢或传播矢。

7. 波函数

波动是振动在空间的传播和分布。光波是电磁波，是高频振动的电场 E（或 D）和磁场 B（或 H）在空间的传播，因此可以用振动物理量 E 和 B 来描述。一般而言，把描述光波动的物理量 E 和 B 随空间和时间变化的函数称为波函数。波函数的取值则称为光波在该时该空间的扰动值。三维电磁波的波动微分方程的通解就是电磁波的波函数，可表示为

$$\psi(x,y,z,t) = \psi(k_x x + k_y y + k_z z - kvt) \quad (1-23)$$

8. 波面与等相位面

通常，把某一时刻具有相同位相值 φ 的点的位置轨迹（或集合）称为光波的波面或等相面。

1) 平面波

等相面为平面且等相面上各点的扰动大小时刻相等的光波，称为平面波。波函数取余弦或正弦形式的三维平面波称为三维简谐平面波，它的波函数可以表示为

$$E(r,t) = E_0 \cos(k \cdot r - \omega t + \varphi_0) \quad (1-24)$$

其复指数函数的表达式为

$$E(r,t) = E_0 \exp[j(k \cdot r - \omega t + \varphi_0)] \quad (1-25)$$

其中，

$$E(r) = E_0 \exp[j(k \cdot r + \varphi_0)] \quad (1-26)$$

称为波的复振幅。复振幅描述了波动随空间坐标的变化。

2) 球面波

在真空或均匀各向同性介质中的 O 点放置一个"点状"光源，从 O 点发出的光波将以相同的速度向各个方向传播。经过一段时间后，振动状态或位相相同的点将构成一个以 O 点为球心的球面。这种等相面为球面且等相面上振幅处处相等的波称为球面波。平面波是球面波传播到无穷远考察面时的特殊情形。由球坐标系下的波动微分方程得到的通解形式为

$$E(r,t) = \frac{1}{r} E(r - vt) \quad (1-27)$$

当波函数为余弦函数形式时，对应的球面波称为简谐球面波，此时的波函数可表示为

$$E(r,t) = \frac{E_0}{r} \cos[k(r - vt) + \varphi_0] \quad (1-28)$$

其复指数函数的表达式为

$$E(r,t) = \frac{E_0}{r} \exp[j(k \cdot r - kvt + \varphi_0)] \quad (1-29)$$

其复振幅可表示为

$$E(r) = \frac{E_0}{r} \exp[j(k \cdot r + \varphi_0)] \quad (1-30)$$

3) 柱面波

柱面波的波面具有无限长圆柱形状。在光学中，常用单色平面波照明一个细长狭缝来获得近似理想的柱面波。与球面波类似，容易证明柱面波的复振幅为

$$E(r) = \frac{E_0}{\sqrt{r}} \exp[j(\boldsymbol{k} \cdot \boldsymbol{r})] \tag{1-31}$$

9. 平面电磁波的性质

1) 电磁波的横波性质

从微分形式的麦克斯韦方程出发可以证明，由于 $\boldsymbol{E}$、$\boldsymbol{B}$ 均与波传播方向 $\boldsymbol{k}$ 垂直，所以无论是电场波 $\boldsymbol{E}$ 还是磁场波 $\boldsymbol{B}$ 都是横波。

2) 电磁波的宏观偏振性

如果使自然光经历某种各向异性过程，使光矢量两个分量的振幅 E_{x0}、E_{y0} 和初位相 φ_{x0}、φ_{y0} 产生某种关联性，即

$$\begin{cases} \dfrac{E_{y0}(t)}{E_{x0}(t)} = 常数 \\ \varphi_{y0}(t) - \varphi_{x0}(t) = 常数 \end{cases} \tag{1-32}$$

这样的光波 $\boldsymbol{E}$ 矢量的矢端必定沿某种规则曲线运动，并且其扰动在有的情况下还存在一个占优势的方向，这样的光波称为偏振光或完全偏振光。根据 $\boldsymbol{E}$ 矢量端点的运动轨迹是直线、圆还是椭圆，对应的光波分别称为线偏振光、圆偏振光和椭圆偏振光。

3) 电场波和磁场波的关系

（1）数值关系：

$$E = vB = \frac{1}{\sqrt{\varepsilon\mu}}B = \frac{c}{n}B \tag{1-33}$$

（2）位相关系：

$$\boldsymbol{E}(\boldsymbol{k} \cdot \boldsymbol{r} - kvt) = v\boldsymbol{B}(\boldsymbol{k} \cdot \boldsymbol{r} - kvt) \tag{1-34}$$

$\boldsymbol{E}$、$\boldsymbol{B}$ 均为线偏振光时，电磁波的波形图如图 1-1 所示。

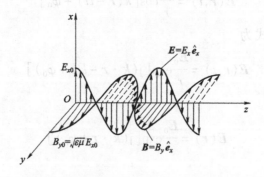

图 1-1 电磁波的波形图（$t=0$，$\boldsymbol{E} = E_x \hat{\boldsymbol{e}}_x$）

4）平面电磁波的能量传播特性

（1）能流密度矢量或坡印亭矢量：

$$S = \frac{1}{\mu} E \times B \tag{1-35}$$

式中，S 称为能流密度矢量或坡印亭矢量。它的大小表示电磁波所传递的能流密度，它的方向代表能量流动的方向或电磁波传播的方向。

（2）电磁场的能量定律：电磁波在均匀各向同性介质中传播时，在考察区域内，电磁场的能量必须满足一定的关系，可表示为

$$-\frac{\partial}{\partial t}\iiint_V (u_E + u_M)\,dV = \iiint_V (E \cdot J)\,dV + \oiint_S (E \times H) \cdot dS$$

或

$$-\frac{\partial W}{\partial t} = \iiint_V (E \cdot J)\,dV + \oiint_S (E \times H) \cdot dS \tag{1-36}$$

是能量守恒定律的具体表达形式，即在电磁波传播的空间中，任一封闭面内电磁场能量的减少恒等于在此封闭面内消耗的焦耳热与从此封闭面流出的能流量之和。

10. 电磁波在两种均匀各向同性透明介质界面上的反射和折射

反射波、折射波和入射波之间的关系如表 1-1 所示。

表 1-1 反射波、折射波和入射波之间的关系

波矢及位置关系	频率关系	反射定律	折射定律
$k_i \cdot r = k_r \cdot r = k_t \cdot r$	$\omega_i = \omega_r = \omega_t = \omega$	$\theta_i = \theta_r$	$n_1 \sin\theta_i = n_2 \sin\theta_t$

11. 菲涅尔公式

当光波从介质 1 射向介质 1 和介质 2 的界面时，会发生折反射。当光波在介质界面上发生折反射时，用来描述反射波、折射波和入射波在振幅和位相之间的定量关系的一组公式称为菲涅尔公式。对于 s 分量和 p 分量，可用振幅透射系数和振幅反射系数来描述。

p 分量：

$$r_p \equiv \frac{E_{rop}}{E_{iop}} = \frac{-n_2\cos\theta_i + n_1\cos\theta_t}{n_2\cos\theta_i + n_1\cos\theta_t} \tag{1-37}$$

$$t_p \equiv \frac{E_{top}}{E_{iop}} = \frac{2n_1\cos\theta_i}{n_2\cos\theta_i + n_1\cos\theta_t} \tag{1-38}$$

s 分量：

$$r_s \equiv \frac{E_{ros}}{E_{ios}} = \frac{n_1 \cos\theta_i - n_2 \cos\theta_t}{n_1 \cos\theta_i + n_2 \cos\theta_t} \tag{1-39}$$

$$t_s \equiv \frac{E_{tos}}{E_{ios}} = \frac{2n_1 \cos\theta_i}{n_1 \cos\theta_i + n_2 \cos\theta_t} \tag{1-40}$$

12. 布儒斯特定律

当光波从介质 1 射向介质 1 和介质 2 的界面时，会发生折反射。当入射光为自然光时，可将每一时刻 t 的入射光矢量 $\boldsymbol{E}_i$ 分解为一个 s 分量 $\boldsymbol{E}_{is}$ 和一个 p 分量 $\boldsymbol{E}_{ip}$。设 n_1 和 n_2 为介质 1 和介质 2 的折射率，当入射角 $\theta_i = \theta_B = \arctan\left(\dfrac{n_2}{n_1}\right)$ 时，p 分量反射系数 $r_p = 0$。此时，不论入射波电矢量 $\boldsymbol{E}_i$ 的振动状态如何，反射波 $\boldsymbol{E}_r$ 的 p 分量振幅始终为零，反射波成为只含有 s 分量的线偏振光。这一结论称为布儒斯特定律。上述的特定入射角 θ_B 称为布儒斯特角。

习 题 解 答

1.1 光自真空进入金刚石（$n_d = 2.4$），若光在真空中的波长 $\lambda_0 = 600$ nm，试求该光波在金刚石中的波长和传播速度。

【解题思路及提示】 本题考查的是对波长、波速及频率等电磁波参数相互关系的理解，难度较小。解题的关键是理解光波在不同介质中传播的时间频率不变。

解：该光波在金刚石中的传播速度为

$$v = \frac{c}{n_d} = \frac{3 \times 10^8}{2.4} = 1.25 \times 10^8 \text{ m/s}$$

波长为

$$\lambda_d = vT = \frac{c}{n_d} \cdot \frac{\lambda_0}{c} = 250 \text{ nm}$$

1.2 （1）试证明下述各函数均是一维波动微分方程的解：

$$A_1(z, t) = a\cos(hz - \omega t + \varphi_0)$$

$$A_2(z, t) = a\cos^2\left[2\pi\left(\frac{t}{T} + \frac{z}{\lambda}\right)\right]$$

$$A_3(z, t) = a(Bz - ct)^2$$

（2）试确定上述各波的传播方向和传播速度。

【解题思路及提示】 本题考查的是对一维波函数表达意义的理解，难度较小。提示：一维波函数是一维波动微分方程的特解，它是以空间位置坐标 z 和时间 t 的变量为自变量的一元函数。$E_1\left(z - \dfrac{t}{\sqrt{\mu\varepsilon}}\right)$ 真实地反映了一维电场 E_1 沿 z 方向以速度 $v = \dfrac{1}{\sqrt{\mu\varepsilon}}$ 传播的过程。$E_2\left(z + \dfrac{1}{\sqrt{\mu\varepsilon}}\right)$ 表示一个以速度 $v = \dfrac{1}{\sqrt{\mu\varepsilon}}$ 沿 $-z$ 方向传播的一维波。

（1）证明：根据波动方程，有

$$\frac{\partial^2 A}{\partial z^2} = \frac{1}{v^2}\frac{\partial^2 A}{\partial t^2}$$

① $A_1(z,t) = a\cos(hz - \omega t + \varphi_0)$

分别对 z 和 t 求导，有

$$\frac{\partial^2 A_1}{\partial z^2} = -ah^2\cos(hz - \omega t + \varphi_0)$$

$$\frac{\partial^2 A_1}{\partial t^2} = -a\omega^2\cos(hz - \omega t + \varphi_0)$$

所以，

$$\frac{\partial^2 A_1}{\partial z^2} = \frac{1}{(\omega/h)^2}\frac{\partial^2 A_1}{\partial t^2} = \frac{1}{v_1^2}\frac{\partial^2 A_1}{\partial t^2}$$

因此，A_1 是一维波动方程的解。

② $A_2(z,t) = a\cos^2\left[2\pi\left(\dfrac{t}{T} + \dfrac{z}{\lambda}\right)\right]$

分别对 z 和 t 求导，有

$$\frac{\partial^2 A_2}{\partial z^2} = -\frac{8\pi^2 a}{\lambda^2}\cos\left[4\pi\left(\frac{t}{T} + \frac{z}{\lambda}\right)\right]$$

$$\frac{\partial^2 A_2}{\partial t^2} = -\frac{8\pi^2 a}{T^2}\cos\left[4\pi\left(\frac{t}{T} + \frac{z}{\lambda}\right)\right]$$

所以，

$$\frac{\partial^2 A_2}{\partial z^2} = \frac{1}{(\lambda/T)^2}\frac{\partial^2 A_2}{\partial t^2} = \frac{1}{v_2^2}\frac{\partial^2 A_2}{\partial t^2}$$

因此，A_2 是一维波动方程的解。

③ $A_3(z,t) = a(Bz - ct)^2$

分别对 z 和 t 求导，有

$$\frac{\partial^2 A_3}{\partial z^2} = 2aB^2, \quad \frac{\partial^2 A_3}{\partial t^2} = 2ac^2$$

所以，

$$\frac{\partial^2 A_3}{\partial z^2} = \frac{1}{(c/B)^2} \frac{\partial^2 A_3}{\partial t^2} = \frac{1}{v_3^2} \frac{\partial^2 A_3}{\partial t^2}$$

因此，A_3 是一维波动方程的解。

(2) **解**：由 (1)，有

$$\frac{\partial^2 A_1}{\partial z^2} = \frac{1}{(\omega/h)^2} \frac{\partial^2 A_1}{\partial t^2} = \frac{1}{v_1^2} \frac{\partial^2 A_1}{\partial t^2}$$

所以，A_1 的传播速度为 $v_1 = \dfrac{\omega}{h}$，沿 z 轴正向传播。

$$\frac{\partial^2 A_1}{\partial z^2} = \frac{1}{(\lambda/T)^2} \frac{\partial^2 A_1}{\partial t^2} = \frac{1}{v_2^2} \frac{\partial^2 A_1}{\partial t^2}$$

所以，A_2 的传播速度为 $v_2 = \dfrac{\lambda}{T}$，沿 z 轴正向传播。

$$\frac{\partial^2 A_3}{\partial z^2} = \frac{1}{(c/B)^2} \frac{\partial^2 A_3}{\partial t^2} = \frac{1}{v_3^2} \frac{\partial^2 A_3}{\partial t^2}$$

所以，A_3 的传播速度为 $v_3 = \dfrac{c}{B}$，沿 z 轴正向传播。

1.3 有一个一维简谐波沿 z 方向传播。已知其振幅 $a = 20$ mm，波长 $\lambda = 30$ mm，波速 $v = 20$ mm/s，初位相 $\varphi_0 = \pi/3$。

(1) 写出该简谐波的波函数。

(2) 试在同一图中画出 $t = 0$ 和 $t = 0.5$ s 两个时刻的波形图（z 的范围为 $0 \sim 2\lambda$）。

【**解题思路及提示**】 本题考查的是对振动和波动概念的理解与掌握，难度较小。波动是振动在空间的传播。描述光波动的物理量电场 **E** 和磁场 **B** 随空间和时间变化的函数称为波函数。

解：(1) 由题可得，简谐波的波函数为

$$E(z,t) = a\cos\left[\frac{2\pi}{\lambda}(z - vt) + \varphi_0\right] = 0.02\cos\left[\frac{200}{3}\pi(z - 0.02t) + \frac{\pi}{3}\right]$$

(2) 根据简谐波的波函数 $E(z,t) = 0.02\cos\left[\dfrac{200}{3}\pi(z - 0.02t) + \dfrac{\pi}{3}\right]$，可得到 $t = 0$ 和 $t = 0.5$ s 两个时刻的波形图如图 1-2 所示，简谐波沿 z 轴正向传播。

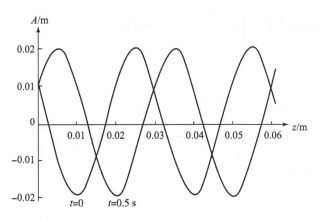

图 1−2 题 1.3 解

1.4 已知一个一维简谐波在 $t=0$ 时刻的波函数为

$$A(z,0) = a\cos\left(\frac{2\pi}{\lambda}z + \varphi_0\right)$$

设 $A(0,0) = 10$，$A(1,0) = -10\sqrt{3}$，$A(2,0) = -10$，并有 $a > 0$，$\lambda > 2$，$0 < \varphi_0 < 2\pi$。

(1) 试求 a，λ，φ_0。

(2) 画出 $t=0$ 时刻的波形图。

【解题思路及提示】 本题考查的是对波函数几种时间参量和空间参量表达形式的掌握程度，难度较小。

解：(1) 由题可得，简谐波在 $t=0$ 时刻的波函数为

$$A(z,0) = a\cos\left(\frac{2\pi}{\lambda}z + \varphi_0\right)$$

并且

$$A(0,0): a\cos\varphi_0 = 10$$

$$A(1,0): a\cos\left(\frac{2\pi}{\lambda} + \varphi_0\right) = -10\sqrt{3}$$

$$A(2,0): a\cos\left(\frac{4\pi}{\lambda} + \varphi_0\right) = -10$$

可得

$$\frac{4\pi}{\lambda} + \varphi_0 = \varphi_0 + (2k+1)\pi, \quad k = 0,1,2,\cdots$$

根据 $\lambda > 2$，解得 $\lambda = 4$，有

$$a\cos\left(\frac{2\pi}{4} + \varphi_0\right) = -a\sin\varphi_0 = -10\sqrt{3}$$

即 $\tan\varphi_0 = \sqrt{3}$,且 $\varphi_0 \in \left(0, \dfrac{\pi}{2}\right) \cup \left(\dfrac{3\pi}{2}, 2\pi\right)$,因此

$$\varphi_0 = \frac{\pi}{3}, \quad a = 20$$

(2) 一维简谐波在 $t=0$ 时刻的波函数为

$$A(z,0) = a\cos\left(\frac{2\pi}{\lambda}z + \varphi_0\right) = 20\cos\left(\frac{\pi}{2}z + \frac{\pi}{3}\right)$$

波形图如图 1-3 所示。

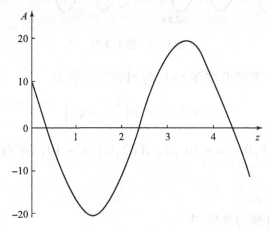

图 1-3 题 1.4 解

1.5 试求一维简谐波 $E(z,t) = E_0 \cos[\pi(3 \times 10^6 z + 9 \times 10^{14} t)]$ 的相速度,以及该波的传播方向。(z 和 t 的单位分别为 m 和 s)

【解题思路及提示】 本题考查的是波函数的表达以及对其中参量的物理意义的理解。难度较小。

解:由一维简谐波函数 $E(z,t) = E_0 \cos\left[\dfrac{2\pi}{\lambda}z - \dfrac{2\pi}{\lambda}vt + \varphi_0\right]$ 的对应系数关系可得,该简谐波的相速度为

$$v = -\frac{\pi \times 9 \times 10^{14}}{\pi \times 3 \times 10^6} = -3 \times 10^8 \text{ m/s}$$

因此,简谐波沿 z 轴负方向传播。

1.6 有两个简谐波,其波函数分别为

$$E_1(z,t) = \exp\left[\mathrm{j}\left(kz - \omega t + \frac{\pi}{6}\right)\right], \quad E_2(z,t) = \exp\left[\mathrm{j}\left(kz - \omega t + \frac{\pi}{2}\right)\right]$$

(1) 试用相辐矢量法求合成波的振幅和初位相。

(2) 写出合成波的波函数。

【解题思路及提示】 本题考查的是对相辐矢量的掌握程度,难度较小。提

示：利用矢量求和法则，在复平面上利用作图法可简单而直观地解决任意地点波的叠加问题。

解：作出 E_1 和 E_2 的相辐矢量，如图 1-4 所示。

根据相辐矢量法，可得

$$E(z,t) = \sqrt{3}\exp\left[j\left(kz - \omega t + \frac{\pi}{3}\right)\right]$$

简谐波的振幅 $A = \sqrt{3}$，初位相 $\varphi_0 = \dfrac{\pi}{3}$。

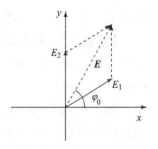

图 1-4　题 1.6 解

1.7 已知一简谐波的波函数为 $E = E_0\exp(j\varphi)$，试问当该波的位相作如下变化时：

（1）增加或减少 $2m\pi$。

（2）增加或减少 $(2m+1)\pi$。

（3）增加或减少 $(2m+1)\dfrac{\pi}{2}$。

其波函数形式如何？（m 取整数）

【解题思路及提示】 本题考查对时间角频率意义的理解，难度较小。提示：时间角频率表示在任意考察点，单位时间内振动位相变化的弧度数。数值上等于时间频率的 2π 倍。位相每变化 2π 代表振动一周。

解：（1）增加或减少 $2m\pi$ 时，有

$$E' = E_0\exp[j(\varphi \pm 2m\pi)] = E_0\exp(j\varphi)$$

此时，简谐波无变化。

（2）增加或减少 $(2m+1)\pi$ 时，有

$$E' = E_0\exp\{j[\varphi \pm (2m+1)\pi]\} = -E_0\exp(j\varphi)$$

此时，简谐波振动反向。

（3）当 $m = 2n$ 时，有

$$E' = E_0\exp\left\{j\left[\varphi \pm (4n+1)\frac{\pi}{2}\right]\right\} = E_0\exp\left[j\left(\varphi \pm \frac{\pi}{2}\right)\right]$$

简谐波位相移 $\pm\dfrac{\pi}{2}$。

当 $m = 2n+1$ 时，有

$$E' = E_0\exp\left\{j\left[\varphi \pm (4n+3)\frac{\pi}{2}\right]\right\} = E_0\exp\left[j\left(\varphi \pm \frac{3\pi}{2}\right)\right]$$

简谐波位相移 $\pm\dfrac{3\pi}{2}$（n 为整数）。

1.8 试证明 $\boldsymbol{k}$ 是一常矢量时，由 $\boldsymbol{k} \cdot \boldsymbol{r} = C$（$C$ 是常数）规定的矢量 $\boldsymbol{r}$ 的端点

位在同一平面上，并指出 k 和该平面法线方向的关系。

【解题思路及提示】 本题考查的是对平面波 k 以及等相面的关系的理解，难度中等。提示：$k \cdot r = C$（C 是常数）是平面的点法式方程，等相面是垂直于波矢 k 的一系列平面。

解：根据 $k \cdot r = C$，即 $|k||r|\sin\theta = C$，θ 为两个向量的夹角，即 r 在 k 方向上的投影为常数，此时 r 的端点位于同一平面，k 的方向和平面法线平行。

1.9 有一个波长为 λ 的简谐平面波，其波矢 k 与 y 轴垂直，与 z 轴的夹角为 α（图 1-5）。试求该波的各个空间频率分量及在 $z = 0$ 平面上的复振幅表达式。

【解题思路及提示】 本题考查的是对三维平面波在平面上的波函数及复振幅表达，以及空间参量在不同方向上的表达的掌握程度，需具备一定的解析几何基础知识，难度中等。解题的关键是找出考查方向在直角坐标系中三个方向上的方向角。

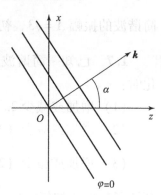

图 1-5 题 1.9 图

解：由图 1-5 可得，该简谐波的波矢与 x、y、z 三个坐标轴的夹角分别为 $90° - \alpha$、0、α。因此，该简谐波在 x 方向上的空间频率为

$$f_x = \frac{\sin\alpha}{\lambda}$$

在 y 方向上的空间频率为

$$f_y = 0$$

在 z 方向上的空间频率为

$$f_z = \frac{\cos\alpha}{\lambda}$$

该简谐波在 $z = 0$ 平面上的复振幅表达式为

$$E(x,y) = E_0 \exp\left[j\left(\frac{2\pi}{\lambda}\sin\alpha\, x\right)\right]$$

1.10 一个三维简谐平面波在 $z = 0$ 平面上的波函数为

$$E(r,t) = E_0 \cos(2\pi f_y y - kvt)$$

已知 $f_y = 0.15/\text{mm}$，$\lambda = 4\ \text{mm}$。

（1）试求空间频率分量 f_z 及波矢 k 的方向。

（2）试画出 $t = 0$ 时刻，位相分别为 0、2π、4π 的三维等相面图。

【解题思路及提示】 本题考查的是对三维平面波在平面上的波函数及复振幅表达，以及空间参量在不同方向上表达的掌握程度，难度中等。提示：三维平面波与平面的交集为直线，因此在平面上可用平行直线来表示不同位相的等相位平面。

解：(1) 三维简谐平面波在 $z=0$ 平面上的波函数为
$$E(r,t) = E_0\cos(2\pi f_y y - kvt)$$
则在 x 方向的空间频率为
$$f_x = 0$$
且
$$f_x^2 + f_y^2 + f_z^2 = \frac{1}{\lambda^2}, \ f_y = 0.15/\text{mm}, \ \lambda = 4 \text{ mm}$$
解得
$$f_z = \pm 0.2/\text{mm}$$
波矢 k 与 z 轴的夹角为
$$\beta = \arctan\frac{0.15}{0.2} = 36.87°$$

(2) 对应 $f_z = \pm 0.2/\text{mm}$，在 $t=0$ 时刻有两种三维等相面图，如图 1-6 所示。其中，x 轴垂直纸面向外。

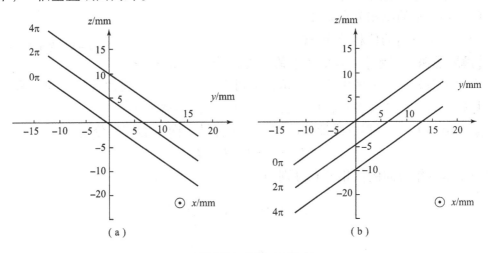

图 1-6 题 1.10 解

(a) $E_1(r,t) = E_0\cos[2\pi(0.15y + 0.2z)]$；(b) $E_2(r,t) = E_0\cos[2\pi(0.15y - 0.2z)]$

1.11 已知一简谐平面波的波长 $\lambda = 10$ mm，相速 $v = 10^3$ mm/s，在 $t=0$ 时刻的三个等相面（与 y 轴平行）如图 1-7 所示。试求该波的空间频率分量 f_z 和在 $z=0$ 平面上的波函数表达式。

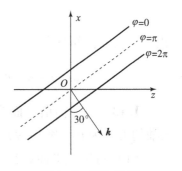

图 1-7 题 1.11 图

【解题思路及提示】 本题考查的是平面波函数表达与图示的关系，难度中等。提示：由题图即可得到空间方位角、初位相，从而得到空间频率，再得到由空间频率表达的波函数。

解： 由图 1-7 可得

$$\alpha = 150°, \quad \gamma = 60°, \quad \varphi_0 = \pi$$

则简谐波在三个坐标轴方向上的空间频率为

$$f_z = \frac{\cos\gamma}{\lambda} = 50/\text{m}, \quad f_x = \frac{\cos\alpha}{\lambda} = -50\sqrt{3}/\text{m}, \quad f_y = 0$$

从而可得，其在 $z = 0$ 平面上的波函数表达式为

$$E(x,y,t) = E_0 \cos\left[2\pi\left(f_x x + f_y y + \frac{v}{\lambda}t\right) + \varphi_0\right]$$

$$= E_0 \cos(-100\sqrt{3}\pi x - 200\pi t + \pi)$$

1.12 有一波长为 λ 的简谐平面波沿 z 方向传播，如图 1-8 所示，假设在原点 O 处的位相 $\varphi_0 = \pi/2$，试求该波在下述各方向上的位相分布：

(1) 沿 x 轴的位相分布 $\varphi(x)$。
(2) 沿 y 轴的位相分布 $\varphi(y)$。
(3) 沿 z 轴的位相分布 $\varphi(z)$。
(4) 沿 r 方向的位相分布 $\varphi(r)$。

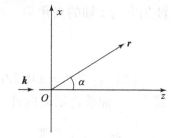

图 1-8 题 1.12 图

【解题思路及提示】 本题考查的是对三维平面波表达形式的掌握程度，难度中等。提示：由图 1-8 可知三维波的传播方向，写出三个坐标轴方向上的波矢表达，即可得到位相分布的具体表达。

解： 由图 1-8 可得三维简谐波在三个坐标轴方向上的波矢分别为

$$k_x = k_y = 0, \quad k_z = k$$

故沿三个坐标轴方向的位相分布分别为

$$\varphi(x) = k_x x + \varphi_0 = \frac{\pi}{2}$$

$$\varphi(y) = k_y y + \varphi_0 = \frac{\pi}{2}$$

$$\varphi(z) = k_z z + \varphi_0 = kz + \frac{\pi}{2}$$

沿 r 方向的位相分布为

$$\varphi(r) = \mathbf{k} \cdot \mathbf{r} + \varphi_0 = k|\mathbf{r}|\cos\alpha + \frac{\pi}{2}$$

1.13 有一简谐平面波，其波面与 y 轴平行，波矢 $\mathbf{k}$ 与 z 轴的夹角为 θ（图 1-9），并设 $\varphi_0 = 0$。

(1) 写出该平面波在 xy 平面上的复振幅 $E(x,y)$ 的表达式。

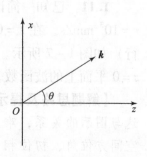

图 1-9 题 1.13 图

(2) 写出该平面波的共轭波在 xy 平面上的复振幅 $E^*(x,y)$ 的表达式。

(3) 画出共轭波 $E^*(x,y,z)$ 的波矢 $\boldsymbol{k}'$ 的方向（要求 $0 \leqslant \gamma \leqslant \pi/2$，$\gamma$ 是 $\boldsymbol{k}'$ 与 z 轴的夹角）。

【解题思路及提示】 本题考查的是对三维波在二维平面的表达，难度中等。提示：共轭光波是指波函数互为共轭复数的两个光波。

解：(1) 该平面波在 xy 平面上的复振幅的表达式为

$$E(x,y) = E_0 \exp[\mathrm{j}(k_x x + k_y y)] = E_0 \exp(\mathrm{j} k_x x)$$
$$= E_0 \exp(\mathrm{j} k \sin\theta x)$$

(2) 该平面波的共轭波在 xy 平面上的复振幅的表达式为

$$E^*(x,y) = E_0 \exp[-\mathrm{j}(k_x x + k_y y)]$$
$$= E_0 \exp(-\mathrm{j} k_x x)$$
$$= E_0 \exp(-\mathrm{j} k \sin\theta x)$$

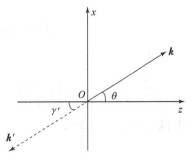

图 1-10 题 1.13 解

(3) 如图 1-10 所示，共轭波的波矢 $\boldsymbol{k}'$ 的方向：$\gamma' = \theta$。

1.14 自点源 S 发出一简谐球面波（图 1-11），假设在 $z=0$ 平面上复振幅的近似表达式为

$$E(x,y) = \frac{E_0}{d} \exp(\mathrm{j}kd) \exp\left\{\mathrm{j}\frac{\pi}{\lambda d}[(x-x_0)^2 + (y-y_0)^2]\right\}$$

(1) 写出其共轭波 $E^*(x,y)$ 的表达式。

(2) 说明 $E^*(x,y)$ 也是球面波，并求其球心位置。

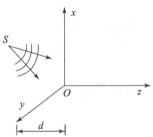

图 1-11 题 1.14 图

【解题思路及提示】 本题考查的是球面波波函数的意义及共轭波概念，难度较小。

解：(1) 共轭波的表达式为

$$E^*(x,y) = \frac{E_0}{d} \exp(-\mathrm{j}kd) \exp\left\{-\mathrm{j}\frac{k}{2d}[(x-x_0)^2 + (y-y_0)^2]\right\}$$

(2) 与标准球面波公式对比，可知 $E^*(x,y)$ 也是球面波，球心位置为 $S^*(x_0, y_0, -d)$。

1.15 已知一波长 $\lambda = 5 \times 10^{-4}$ mm 的简谐球面波在 xOy 平面上的复振幅为下述形式：

$$E(x,y) = E_0 \exp\left[\mathrm{j}\frac{\pi}{4}(8x^2 - 4x + 8y^2 + 2y)\right]$$

式中，E_0 为一实常数，长度单位为 mm。试求此球面波的球心位置和在原点处的初位相值。

【解题思路及提示】 本题考查的是球面波在二维平面上的复振幅的表达，以及对球面波球心的意义的理解，难度中等。

解：球面波在 xOy 平面上的复振幅分布为

$$E(x,y) = \frac{E_0'}{|z_0|}\exp(-jkz_0)\exp\left\{-j\frac{k}{2z_0}[(x-x_0)^2+(y-y_0)^2]\right\}$$

$$= E_0\exp\left[j\frac{\pi}{4}(8x^2-4x+8y^2+2y)\right]$$

由

$$E(x,y) = E_0\exp\left[j\frac{\pi}{4}(8x^2-4x+8y^2+2y)\right] = E_0\exp\left[j2\pi\left(x^2-\frac{1}{2}x+y^2+\frac{1}{4}y\right)\right]$$

得球心的 x、y 坐标为

$$x_0 = \frac{1}{4}, \quad y_0 = -\frac{1}{8}$$

根据球面波对应项系数相等，有

$$\frac{\pi}{4}\cdot 8 = -\frac{k}{2z_0} = -\frac{2\pi}{\lambda}\cdot\frac{1}{2z_0}$$

得球心的 z 坐标为

$$z_0 = -\frac{1}{2\lambda} = -1\,000$$

即球心坐标为

$$\left(\frac{1}{4}, -\frac{1}{8}, -1\,000\right)$$

将 $(0,0)$ 点代入球面波表达式，得原点初位相

$$\varphi_0 = 0$$

1.16 设一简谐平面电磁波电矢量的三个分量（采用 MKSA 单位）分别为

$$\begin{cases} E_x = E_z = 0 \\ E_y = 2\exp\left\{j\left[2\pi\times 10^{14}\left(\dfrac{x}{c}-t\right)+\dfrac{\pi}{4}\right]\right\} \end{cases}$$

（1）试求该电磁波的频率、波长、振幅和初位相，并指出其振动方向和传播方向。

（2）写出该电磁波的磁感应强度 B 的分量表达式。

【解题思路及提示】 本题考查的是对平面电磁波不同坐标轴方向波函数的表达以及电场波和磁场波关系的理解，难度较小。

解：（1）已知简谐平面电磁波电矢量的三个分量

$$\begin{cases} E_x = E_z = 0 \\ E_y = 2\exp\left\{j\left[2\pi \times 10^{14}\left(\dfrac{x}{c} - t\right) + \dfrac{\pi}{4}\right]\right\} \end{cases}$$

有
$$\omega = 2\pi \times 10^{14} \text{ rad/s}, \ \upsilon = \omega/2\pi = 10^{14} \text{ Hz}, \ \lambda = c/\upsilon = 3 \times 10^{-6} \text{ m},$$
$$E_0 = 2 \text{ V/m}, \ \varphi_0 = \pi/4$$

电磁波的振动方向为 y，传播方向为 x 轴正向。

（2）由于 **E**、**B**、**k** 组成右手坐标系，且 $\boldsymbol{E} = v\boldsymbol{B}$，得磁感应强度的表达式为

$$\begin{cases} B_z = E_y/v = 6.7 \times 10^{-9}\exp\left\{j\left[2\pi \times 10^{14}\left(\dfrac{x}{c} - t\right) + \dfrac{\pi}{4}\right]\right\} \\ B_x = 0 \\ B_y = 0 \end{cases}$$

1.17 有一简谐平面电磁波在玻璃内传播，已知磁感应强度的表达式为

$$\begin{cases} B_x = B_y = 0 \\ B_z = B_0\exp\left\{j\left[\pi \times 10^{15}\left(\dfrac{x}{0.65c} - t\right)\right]\right\} \end{cases}$$

（1）试求该波的频率、波长和传播速度，并求出玻璃的折射率。
（2）指出其振动方向和传播方向。
（3）写出这个波的电场强度 **E** 的分量表达式。

【解题思路及提示】 本题考查的是对平面电磁波不同坐标轴方向波函数表达以及电场波和磁场波关系的理解，难度较小。

解：（1）已知简谐平面电磁波的磁感应强度的表达式为

$$\begin{cases} B_x = B_y = 0 \\ B_z = B_0\exp\left\{j\left[\pi \times 10^{15}\left(\dfrac{x}{0.65c} - t\right)\right]\right\} \end{cases}$$

$\omega = \pi \times 10^{15}$ rad/s，$\upsilon = \omega/2\pi = 5 \times 10^{14}$ Hz，$v = \omega/k = 0.65c = 1.95 \times 10^8$ m/s，
$\lambda = v/\upsilon = 0.65c/\upsilon = 3.9 \times 10^{-7}$ m，$n = c/v = 1/0.65 = 1.54$。

（2）其磁场的振动方向为 z，传播方向为 x 轴正向。
（3）由 **E**、**B**、**k** 组成右手坐标系，且 $\boldsymbol{E} = v\boldsymbol{B}$，得电场强度的表达式为

$$\begin{cases} E_y = vB_z = 0.65cB_0\exp\left\{j\left[\pi \times 10^{15}\left(\dfrac{x}{0.65c} - t\right)\right]\right\} \\ E_z = 0 \\ E_x = 0 \end{cases}$$

1.18 有一三维简谐平面波在折射率为 1.5 的介质中的复振幅表示为

$$E(x,y,z) = 4\exp\left\{j\left[-\frac{\pi}{2}\times 10^3(x-y-\sqrt{2}z)+\varphi_0\right]\right\}（单位：mm）$$

（1）求出此三维简谐平面波的波长 λ。

（2）求出此三维简谐平面波沿 x、y、z 坐标轴的空间频率 f_x、f_y、f_z。

（3）求出此三维简谐平面波传播方向与 x、y、z 坐标轴的方向角 α、β、γ。

（4）若初相位 $\varphi_0(x=0, y=0, t=0)=\dfrac{\pi}{3}$，写出此时三维简谐平面波在 xOy 平面的波函数表达式 $E(x,y,t)$。

【解题思路及提示】 本题考查的是对折射率与电磁波时间参量之间的数值关系的理解、三维平面波空间参量的表达的掌握，以及三维平面波在二维平面的表达式的掌握，难度较小。

解：（1）由简谐波的复振幅表达式

$$E(x,y,z) = 4\exp\left\{j\left[-\frac{\pi}{2}\times 10^3(x-y-\sqrt{2}z)+\varphi_0\right]\right\}$$

可得

$$|k| = \left|-\frac{\pi}{2}\times 10^3 \times \sqrt{1^2+(-1)^2+(-\sqrt{2})^2}\right| = \pi\times 10^3\ \text{rad/mm}$$

简谐波的波长为

$$\lambda = \frac{2\pi}{|k|} = 2\times 10^{-3}\ \text{mm}$$

（2）三维简谐平面波沿 x、y、z 坐标轴的空间频率分别为

$$f_x = \frac{k_x}{2\pi} = -\frac{1}{4}\times 10^3/\text{mm}$$

$$f_y = \frac{k_y}{2\pi} = \frac{1}{4}\times 10^3/\text{mm}$$

$$f_z = \frac{k_z}{2\pi} = \frac{\sqrt{2}}{4}\times 10^3/\text{mm}$$

（3）由简谐波的复振幅表达式

$$E(x,y,z) = 4\exp\left\{j\left[-\frac{\pi}{2}\times 10^3(x-y-\sqrt{2}z)+\varphi_0\right]\right\}$$

可得此三维简谐平面波传播方向与 x、y、z 坐标轴的方向角满足

$$\cos\alpha = -\frac{1}{2},\quad \cos\beta = \frac{1}{2},\quad \cos\gamma = \frac{\sqrt{2}}{2}$$

解得此三维简谐平面波传播方向与 x、y、z 坐标轴的方向角为

$$\alpha = \frac{2\pi}{3}, \quad \beta = \frac{\pi}{3}, \quad \gamma = \frac{\pi}{4}$$

（4）简谐波的角频率为

$$\omega = |k|v = |k|c/n = 2\pi \times 10^{14} \text{ rad/s}$$

所以此时三维简谐平面波在 xOy 平面的波函数表达式为

$$E(x,y,t) = 4\exp\left\{j\left[-\frac{\pi}{2}\times 10^3(x-y) + \frac{\pi}{3}\right]\right\}\exp(j\omega t)$$

$$= 4\exp\left\{j\left[-\frac{\pi}{2}\times 10^3(x-y) - 2\pi \times 10^{14}t + \frac{\pi}{3}\right]\right\}$$

1.19 已知一平面电磁波在真空中沿 z 方向传播，振动方向 $\boldsymbol{E} \parallel x$，$t = T/4$ 时刻的波形如图 1-12 所示，试写出该电磁波的电场 $\boldsymbol{E}$ 和磁场 $\boldsymbol{B}$ 的表达式。

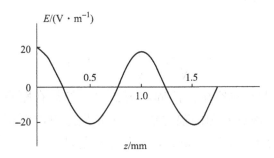

图 1-12　题 1.19 图

【解题思路及提示】 本题考查的是对平面波的波函数表达以及电场与磁场的关系的理解，难度较小。

解：由图 1-12 可得，$A = 20$ V/m，$\lambda = 1 \times 10^{-3}$ m，且 $v = 3\times 10^8$ m/s，故电磁波的电场表达式为

$$E_x = 20\cos\left[\frac{2\pi}{1\times 10^{-3}}(z - 3\times 10^8 t) + \varphi_0\right]$$

且在 $t = T/4$ 时刻，$z = 0$ 时，$\varphi = 0$，故

$$\frac{2\pi}{\lambda}\left(-v\cdot\frac{T}{4}\right) + \varphi_0 = \frac{2\pi}{\lambda}\cdot\left(-\frac{\lambda}{4}\right) + \varphi_0 = 0$$

得初位相 $\varphi_0 = \frac{\pi}{2}$，所以电场表达式为

$$E_x = 20\cos\left[\frac{2\pi}{1\times 10^{-3}}(z - 3\times 10^8 t) + \frac{\pi}{2}\right] = 20\cos\left(2\times 10^3 \pi z - 6\times 10^{11}\pi t + \frac{\pi}{2}\right)$$

由 $\boldsymbol{E}$、$\boldsymbol{B}$、$\boldsymbol{k}$ 组成右手坐标系，且 $\boldsymbol{E} = v\boldsymbol{B}$，可知磁场强度的表达式为

$$B_y = \frac{20}{3\times 10^8}\cos\left[\frac{2\pi}{1\times 10^{-3}}(z - 3\times 10^8 t) + \frac{\pi}{2}\right]$$

$$= \frac{2}{3} \times 10^{-7} \cos\left(2 \times 10^3 \pi z - 6 \times 10^{11} \pi t + \frac{\pi}{2}\right)$$

1.20 夏日正午垂直射向地球表面的太阳光光强 I 高达 1.2×10^3 W/m², 若把太阳光看作取平均波长的简谐平面波, 试问其电场强度为何？（采用 MKSA 单位）

【解题思路及提示】 本题考查的是光强的概念，难度较小。

解：由光强计算公式，得

$$I = \frac{1}{2}\sqrt{\frac{\varepsilon}{\mu}}E^2$$

且

$$\varepsilon = \frac{1}{4\pi \times 9 \times 10^9} \text{ F/m}, \quad \mu = 4\pi \times 10^{-7} \text{ H/m}, \quad I = 1.2 \times 10^3 \text{ W/m}^2$$

故电场强度为

$$E = \sqrt{2I\sqrt{\frac{\mu}{\varepsilon}}} = 951 \text{ V/m}$$

1.21 一个点光源在真空中向四周均匀辐射，如果在距点光源 10 m 处电场的振幅为 10 V/m, 试求该点光源的辐射功率。（光强是单位面积上的辐射功率）

【解题思路及提示】 本题考查的是光强与辐射功率的概念，难度较小。

解：在 10 m 处的光强为

$$I = \frac{1}{2}\sqrt{\frac{\varepsilon}{\mu}}E^2 = \frac{1}{2}\sqrt{\frac{1}{4\pi \times 9 \times 10^9} \times \frac{1}{4\pi \times 10^{-7}}} \times 100 = \frac{5}{12\pi} \text{ W/m}^2$$

该点光源的辐射功率为

$$P = I \times 4\pi \times r^2 = \frac{5}{12\pi} \times 4\pi \times 100 \approx 167 \text{ W}$$

也可以先计算单位距离上的振幅 $E' = 10 \times 10 = 100$ V/m, 再求单位距离上的光强（能量守恒）。

1.22 一束平面光波以布儒斯特角射到一透明平行平板上，试证明在平板上、下表面反射的光波都是线偏振光。

【解题思路及提示】 本题综合考查折射定律、反射定律及布儒斯特定律，难度中等。

解：由折射定律可得

$$n_1 \sin\theta_{i\pm} = n_2 \sin\theta_{t\pm}, \quad \theta_{i\mp} = \theta_{t\pm}$$

对于上表面，有

$$\theta_{i\pm} = \theta_{B\pm} = \arctan\frac{n_2}{n_1}$$

此时，
$$\tan\theta_{i下} = \tan\theta_{t上} = \frac{n_1\sin\theta_{i上}/n_2}{\sqrt{1-(n_1\sin\theta_{i上}/n_2)^2}} = \frac{\sin\theta_{i上}/\tan\theta_{i上}}{\sqrt{1-(\sin\theta_{i上}/\tan\theta_{i上})^2}} = \frac{1}{\tan\theta_{i上}} = \frac{n_2}{n_1}$$

下表面的布儒斯特角为
$$\theta_{B下} = \arctan\frac{n_1}{n_2} = \theta_{i下}$$

因此，在平板上、下表面反射的光波都是线偏振光。

1.23 有一束线偏振光入射到两介质（折射率分别为 n_1 和 n_2）的分界面上。设入射角为 θ_i，振动方位角（振动方向与入射面的夹角）为 β_i。

（1）试求反射光和折射光的振动方位角 β_r 和 β_t 的表达式。

（2）设 $n_1 = 1.0$，$n_2 = 1.5$，$\beta_i = 45°$，试求 $\theta_i = 0$ 和 $\theta_i = 30°$ 时，β_r 和 β_t 的大小。

【解题思路及提示】 本题考查的是对菲涅尔公式的理解，难度较小。

解：（1）由菲涅尔公式，有
$$r_s = \frac{E_{ros}}{E_{ios}} = \frac{n_1\cos\theta_i - n_2\cos\theta_t}{n_1\cos\theta_i + n_2\cos\theta_t} = -\frac{\sin(\theta_i - \theta_t)}{\sin(\theta_i + \theta_t)}$$

$$r_p = \frac{E_{rop}}{E_{iop}} = \frac{-n_2\cos\theta_i + n_1\cos\theta_t}{n_2\cos\theta_i + n_1\cos\theta_t} = -\frac{\tan(\theta_i - \theta_t)}{\tan(\theta_i + \theta_t)}$$

$$t_s = \frac{E_{tos}}{E_{ios}} = \frac{2n_1\cos\theta_i}{n_1\cos\theta_i + n_2\cos\theta_t} = \frac{2\cos\theta_i\sin\theta_t}{\sin(\theta_i + \theta_t)}$$

$$t_p = \frac{E_{top}}{E_{iop}} = \frac{2n_1\cos\theta_i}{n_2\cos\theta_i + n_1\cos\theta_t} = \frac{2\cos\theta_i\sin\theta_t}{\sin(\theta_i + \theta_t)\cos(\theta_i - \theta_t)}$$

且
$$\tan\beta_i = \frac{E_{ios}}{E_{iop}}$$

$$\tan\beta_r = \frac{E_{ros}}{E_{rop}} = \frac{r_s E_{ios}}{r_p E_{iop}} = \frac{r_s}{r_p}\tan\beta_i = \frac{\cos(\theta_i - \theta_t)}{\cos(\theta_i + \theta_t)}\tan\beta_i$$

$$\tan\beta_t = \frac{E_{tos}}{E_{top}} = \frac{t_s E_{ios}}{t_p E_{iop}} = \frac{t_s}{t_p}\tan\beta_i = \cos(\theta_i - \theta_t)\tan\beta_i$$

因此
$$\beta_r = \tan^{-1}\left[\frac{\cos(\theta_i - \theta_t)}{\cos(\theta_i + \theta_t)}\tan\beta_i\right]$$

$$\beta_t = \tan^{-1}[\cos(\theta_i - \theta_t)\tan\beta_i]$$

（2）根据（1）的结果，代入初始值，有

$$\theta_i = 0°: \beta_r = \beta_t = 45°$$
$$\theta_i = 30°: \beta_r = 56.55°, \beta_t = 44.5°$$

1.24 试证明对于任何入射角 θ_i，总有
$$\left.\begin{array}{l} R_s + T_s = 1 \\ R_p + T_p = 1 \end{array}\right\} 成立$$

【解题思路及提示】 本题考查的是反射率和透射率的定义，难度较小。

解：已知

$$R_s = \frac{W_{rs}}{W_{is}} = \left|\frac{E_{ros}}{E_{ios}}\right|^2 = |r_s|^2 = \left|-\frac{\sin(\theta_i - \theta_t)}{\sin(\theta_i + \theta_t)}\right|^2 = \frac{\sin^2(\theta_i - \theta_t)}{\sin^2(\theta_i + \theta_t)} = \frac{(\sin\theta_i\cos\theta_t - \cos\theta_i\sin\theta_t)^2}{\sin^2(\theta_i + \theta_t)}$$

$$T_s = \frac{W_{ts}}{W_{is}} = \frac{n_2\cos\theta_t}{n_1\cos\theta_i}\left|\frac{E_{tos}}{E_{ios}}\right|^2 = \frac{n_2\cos\theta_t}{n_1\cos\theta_i}|t_s|^2 = \frac{\sin\theta_i\cos\theta_t}{\sin\theta_t\cos\theta_i}\left|\frac{2\cos\theta_i\sin\theta_t}{\sin(\theta_i + \theta_t)}\right|^2$$

$$= \frac{4\sin\theta_i\cos\theta_t \cdot \cos\theta_i\sin\theta_t}{\sin^2(\theta_i + \theta_t)}$$

$$R_p = \frac{W_{rp}}{W_{ip}} = \left|\frac{E_{rop}}{E_{iop}}\right|^2 = |r_p|^2 = \left|-\frac{\tan(\theta_i - \theta_t)}{\tan(\theta_i + \theta_t)}\right|^2 = \frac{\frac{\sin^2(\theta_i - \theta_t)}{\cos^2(\theta_i - \theta_t)}}{\frac{\sin^2(\theta_i + \theta_t)}{\cos^2(\theta_i + \theta_t)}}$$

$$= \frac{\sin^2(\theta_i - \theta_t)\cos^2(\theta_i + \theta_t)}{\cos^2(\theta_i - \theta_t)\sin^2(\theta_i + \theta_t)}$$

$$T_p = \frac{W_{tp}}{W_{tp}} = \frac{n_2\cos\theta_t}{n_1\cos\theta_i}\left|\frac{E_{top}}{E_{top}}\right|^2 = \frac{n_2\cos\theta_t}{n_1\cos\theta_i}|t_p|^2 = \frac{\sin\theta_i\cos\theta_t}{\sin\theta_t\cos\theta_i}\left|\frac{2\cos\theta_i\sin\theta_t}{\sin(\theta_i + \theta_t)\cos(\theta_i - \theta_t)}\right|^2$$

$$= \frac{4\sin\theta_i\cos\theta_t \cdot \cos\theta_i\sin\theta_t}{\sin^2(\theta_i + \theta_t)\cos^2(\theta_i - \theta_t)}$$

整理，得

$$R_s + T_s = \frac{(\sin\theta_i\cos\theta_t - \cos\theta_i\sin\theta_t)^2}{\sin^2(\theta_i + \theta_t)} + \frac{4\sin\theta_i\cos\theta_t \cdot \cos\theta_i\sin\theta_t}{\sin^2(\theta_i + \theta_t)}$$

$$= \frac{(\sin\theta_i\cos\theta_t + \cos\theta_i\sin\theta_t)^2}{\sin^2(\theta_i + \theta_t)} = 1$$

$$R_p + T_p = \frac{\sin^2(\theta_i - \theta_t)\cos^2(\theta_i + \theta_t)}{\cos^2(\theta_i - \theta_t)\sin^2(\theta_i + \theta_t)} + \frac{4\sin\theta_i\cos\theta_t \cdot \cos\theta_i\sin\theta_t}{\sin^2(\theta_i + \theta_t)\cos^2(\theta_i - \theta_t)}$$

$$= \frac{\sin^2(\theta_i - \theta_t)\cos^2(\theta_i + \theta_t)}{\cos^2(\theta_i - \theta_t)\sin^2(\theta_i + \theta_t)} + \frac{\sin^2(\theta_i + \theta_t) - \sin^2(\theta_i - \theta_t)}{\cos^2(\theta_i - \theta_t)\sin^2(\theta_i + \theta_t)}$$

$$= \frac{\sin^2(\theta_i - \theta_t)\cos^2(\theta_i + \theta_t) + \sin^2(\theta_i + \theta_t) - \sin^2(\theta_i - \theta_t)}{\cos^2(\theta_i - \theta_t)\sin^2(\theta_i + \theta_t)}$$

$$= \frac{\sin^2(\theta_i - \theta_t)[\cos^2(\theta_i + \theta_t) - 1] + \sin^2(\theta_i + \theta_t)}{\cos^2(\theta_i - \theta_t)\sin^2(\theta_i + \theta_t)}$$

$$= \frac{-\sin^2(\theta_i - \theta_t)\sin^2(\theta_i + \theta_t) + \sin^2(\theta_i + \theta_t)}{\cos^2(\theta_i - \theta_t)\sin^2(\theta_i + \theta_t)}$$

$$= \frac{\sin^2(\theta_i + \theta_t)\cos^2(\theta_i - \theta_t)}{\cos^2(\theta_i - \theta_t)\sin^2(\theta_i + \theta_t)} = 1$$

1.25 根据教材[①]中的式（1-129）和式（1-130），证明：

（1）当入射光为线偏振光、振动方位角为 β 时，有

$$R = R_s \sin^2\beta + R_p \cos^2\beta$$
$$T = T_s \sin^2\beta + T_p \cos^2\beta$$

（2）当入射光为自然光时，有

$$R = \frac{1}{2}(R_s + R_p)$$
$$T = \frac{1}{2}(T_s + T_p)$$

【解题思路及提示】 本题考查的是对不同偏振态光 s 分量和 p 分量的理解，难度中等。提示：不同偏振态光的 s 分量和 p 分量的光强比值不同。

解：（1）由教材中的式（1-129）和式（1-130），有

$$R = \frac{1}{1+\alpha}(\alpha R_s + R_p)$$
$$T = \frac{1}{1+\alpha}(\alpha T_s + T_p)$$

且

$$\alpha = \frac{I_s}{I_p} = \frac{E_s^2}{E_p^2}, \quad \tan\beta = \frac{E_s}{E_p}$$

因此，

$$\tan^2\beta = \alpha$$

此时，

[①] 刘娟，胡滨，周雅. 物理光学基础教程 [M]. 北京：北京理工大学出版社，2017. 下同。

$$R = \frac{1}{1+\alpha}(\alpha R_s + R_p) = \frac{1}{1+\tan^2\beta}(\tan^2\beta R_s + R_p) = R_s\sin^2\beta + R_p\cos^2\beta$$

$$T = \frac{1}{1+\alpha}(\alpha T_s + T_p) = \frac{1}{1+\tan^2\beta}(\tan^2\beta T_s + T_p) = T_s\sin^2\beta + T_p\cos^2\beta$$

(2) 当入射光为自然光时，$\alpha = 1$，此时

$$R = \frac{1}{1+\alpha}(\alpha R_s + R_p) = \frac{1}{2}(R_s + R_p)$$

$$T = \frac{1}{1+\alpha}(\alpha T_s + T_p) = \frac{1}{2}(T_s + T_p)$$

1.26 一束平行光以布儒斯特角入射到空气—玻璃（$n_2 = 1.5$）界面上，试对下述两种情况求反射率 R 和透射率 T 的值：

(1) 设入射光为线偏振光，振动方位角 $\beta = 30°$。

(2) 设入射光为自然光。

【解题思路及提示】 本题综合考查振动方位角与 s 分量、p 分量光透射率与反射率的概念，难度中等。

解：(1) 由题 1.25 可知，入射光为线偏振光时，反射率和透射率满足

$$R = \frac{1}{1+\alpha}(\alpha R_s + R_p) = R_s\sin^2\beta + R_p\cos^2\beta$$

$$T = \frac{1}{1+\alpha}(\alpha T_s + T_p) = T_s\sin^2\beta + T_p\cos^2\beta$$

且

$$\theta_B = \arctan 1.5, \quad \theta_{tB} = \arctan\frac{1}{1.5}, \quad \theta_B + \theta_{tB} = \frac{\pi}{2}$$

此时，

$$R_s = \frac{W_{rs}}{W_{is}} = \left|\frac{E_{ros}}{E_{ios}}\right|^2 = |r_s|^2 = \left|-\frac{\sin(\theta_i - \theta_t)}{\sin(\theta_i + \theta_t)}\right|^2 = \frac{\sin^2(\theta_i - \theta_t)}{\sin^2(\theta_i + \theta_t)} = \sin^2(\theta_i - \theta_t)$$

$$= (\sin^2\theta_i - \cos^2\theta_i)^2 = \frac{25}{169}$$

$$R_p = \frac{W_{rp}}{W_{ip}} = \left|\frac{E_{rop}}{E_{iop}}\right|^2 = |r_p|^2 = 0$$

反射率和透射率为

$$R = R_s\sin^2\beta + R_p\cos^2\beta = \frac{25}{169} \cdot \frac{1}{4} = 3.7\%$$

$$T = 1 - R = 96.3\%$$

(2) 由题 1.25 可知，入射光为自然光时，反射率为

$$R = \frac{1}{2}(R_s + R_p) = \frac{1}{2}|r_s|^2 = 7.4\%$$

透射率为

$$T = 1 - R = 92.6\%$$

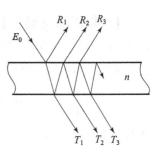

图 1-13 题 1.27 图

1.27 一玻璃平行平板（$n = 1.5$）置于空气中，设一束振幅为 E_0，强度为 I_0 的平行光垂直射到玻璃表面上，试求前三束反射光 R_1、R_2、R_3 和前三束透射光 T_1、T_2、T_3（图 1-13）的振幅和强度。

【解题思路及提示】 本题考查的是反射系数与反射率，透射系数与透射率以及与光波振幅及光强的关系，难度较小。

解：由于垂直入射，因此有

$$r_0 = \frac{1-n}{1+n} = -0.2, \quad t_0 = \frac{2}{1+n} = 0.8$$

$$R = |r_0|^2 = 0.04, \quad T = 1 - R = 0.96$$

$$r_0' = \frac{n-1}{n+1} = 0.2, \quad t_0' = \frac{2n}{n+1} = 1.2$$

$$R' = 0.04, \quad T' = 1 - R' = 0.96$$

从而可得，前三束反射光 R_1、R_2、R_3 和前三束透射光 T_1、T_2、T_3 的振幅和强度分别为

$E_{R_1} = r_0 E_0 = -0.2 E_0$, $E_{R_2} = t_0' r_0' t_0 E_0 = 0.192 E_0$, $E_{R_3} = t_0'(r_0')^3 t_0 E_0 = 0.00768 E_0$

$I_{R_1} = R I_0 = 0.04 I_0$, $I_{R_2} = T' R' T I_0 = 3.69 \times 10^{-2} I_0$, $I_{R_3} = T'(R')^3 T I_0 = 5.90 \times 10^{-5} I_0$

$I_{R_1} = R \frac{1}{2}\sqrt{\frac{\varepsilon_0}{\mu_0}} E_0^2 = 5.31 \times 10^{-5} E_0^2$, $I_{R_2} = 4.89 \times 10^{-5} E_0^2$, $I_{R_3} = 7.58 \times 10^{-8} E_0^2$

$E_{T_1} = t_0' t_0 E_0 = 0.96 E_0$, $E_{T_2} = t_0'(r_0')^2 t_0 E_0 = 0.0384 E_0$, $E_{T_3} = t_0'(r_0')^4 t_0 E_0 = 1.54 \times 10^{-3} E_0$

$I_{T_1} = T' T I_0 = 0.922 I_0$, $I_{T_2} = T'(R')^2 T I_0 = 1.47 \times 10^{-3} I_0$, $I_{T_3} = T'(R')^4 T I_0 = 2.36 \times 10^{-6} I_0$

$I_{T_1} = 1.22 \times 10^{-3} E_0^2$, $I_{T_2} = 1.96 \times 10^{-6} E_0^2$, $I_{T_3} = 3.13 \times 10^{-9} E_0^2$

1.28 有一棱镜式双筒望远镜，其光路如图 1-14 所示。若棱镜和透镜的折射率均为 1.5，试问入射光能量因反射损失了百分之几？

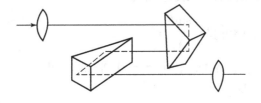

图 1-14 题 1.28 图

【解题思路及提示】 本题考查的是反射系数与反射率、透射系数与透射率，以及与光波振幅及光强的关系，难度中等。

解：已知光反射回空气时，有

$$r_0 = \frac{1-n}{1+n} = -0.2, \quad t_0 = \frac{2}{1+n} = 0.8; \quad R = |r_0|^2 = 0.04, \quad T = 1-R = 0.96$$

光反射回到玻璃时，有

$$r_0' = \frac{n-1}{n+1} = 0.2, \quad t_0' = \frac{2n}{n+1} = 1.2; \quad R' = 0.04, \quad T' = 1-R' = 0.96$$

由图 1-14 可得，一共反射了 8 次，其中光反射回空气和光反射回玻璃均为 4 次。此时，

$$I = (T'T)^4 I_0 = 0.721 I_0$$

因此，能量损失了 27.9%。

1.29 一束振动方向平行于入射面的平行光以布儒斯特角射到玻璃棱镜（$n=1.5$）的侧面 AB 上，如图 1-15 所示，欲使入射光通过棱镜时没有反射损失，问棱镜顶角 A 应为多大？

【解题思路及提示】 本题考查的是对布儒斯特定律的掌握及应用，难度中等。提示：根据几何关系即可求解。

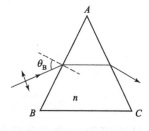

图 1-15 题 1.29 图

解：由题可得

$$\theta_B = \arctan 1.5, \quad \theta_{tB} = \arctan\frac{1}{1.5}, \quad R_p = 0, \quad R = \frac{1}{1+0}(0R_s + 0) = 0$$

即入射无反射损失。若要出射也无反射损失，则通过光路可逆可知，此时要求出射角也为布儒斯特角，即

$$\theta_{iT} = \theta_{tB} = \arctan\frac{1}{1.5}$$

根据三角形关系，棱镜顶角为

$$A = 2\arctan\frac{1}{1.5} = 67.38°$$

1.30 已知一入射平面波在两种介质（折射率分别为 n_1、n_2）分界面上的复振幅表达式为

$$E_i = E_{ios} \exp\left(j2\pi\frac{\sin\theta_i}{\lambda_1}x\right)$$

试求折射波、反射波在界面（即 $z=0$ 平面，见图 1-16）上的复振幅表达式。

【解题思路及提示】 本题考查折射率与时间频率、

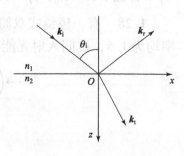

图 1-16 题 1.30 图

波速等参量之间的关系,对折射定律、反射定律的熟练应用,以及根据菲涅尔公式的定义由入射波的复振幅表达得到反射波和透射波的复振幅表达,难度中等。

解:入射光的复振幅为

$$E_i = E_{ios}\exp\left(j2\pi\frac{\sin\theta_i}{\lambda_1}x\right)$$

此时,入射光的波矢大小为

$$k_i = \frac{2\pi}{\lambda} = \frac{2\pi}{v/\upsilon} = \frac{2\pi\upsilon}{v} = \frac{\omega}{v} = \frac{\omega}{c/n_1} = \frac{\omega n_1}{c}$$

同理,反射光和折射光的波矢大小为

$$k_r = \frac{\omega n_1}{c}, \quad k_t = \frac{\omega n_2}{c}$$

并且

$$\frac{n_1}{n_2} = \frac{c/\lambda_1\upsilon}{c/\lambda_2\upsilon} = \frac{\lambda_2}{\lambda_1} = \frac{\sin\theta_2}{\sin\theta_1}$$

即

$$\frac{\sin\theta_i}{\lambda_1} = \frac{\sin\theta_t}{\lambda_2}$$

根据菲涅尔公式,有

$$E_{ros} = r_s E_{ios} = -\frac{\sin(\theta_i - \theta_t)}{\sin(\theta_i + \theta_t)}E_{ios}$$

$$E_{tos} = t_s E_{ios} = \frac{2\cos\theta_i\sin\theta_t}{\sin(\theta_i + \theta_t)}E_{ios}$$

折射波、反射波在界面(即 $z=0$ 平面)上的复振幅表达式为

$$E_r = -E_{ios}\frac{\sin(\theta_i - \theta_t)}{\sin(\theta_i + \theta_t)}\exp\left(j2\pi\frac{\sin\theta_i}{\lambda_1}x\right)$$

$$E_t = E_{ios}\frac{2\cos\theta_i\sin\theta_t}{\sin(\theta_i + \theta_t)}\exp\left(j2\pi\frac{\sin\theta_t}{\lambda_2}x\right)$$

$$= E_{ios}\frac{2\cos\theta_i\sin\theta_t}{\sin(\theta_i + \theta_t)}\exp\left(j2\pi\frac{\sin\theta_i}{\lambda_1}x\right)$$

1.31 有一波长为 λ_1 的简谐平面波,以 θ_i 角入射到两介质(折射率分别为 n_1 和 n_2)分界面上,并发生全反射。假设波函数为

$$E_{is} = \exp\{j[2\pi(f_{ix}x + f_{iz}z) - \omega t]\}$$

并取界面为 $z=0$ 平面。试求:

(1) 折射波的空间频率分量 f_{tx} 和 f_{tz} $\left(\text{设 } f_{tx}^2 + f_{ty}^2 + f_{tz}^2 = \frac{1}{\lambda_2^2} \text{仍成立}\right)$。

(2) 折射波的位相（不计初位相）。

【解题思路及提示】 本题综合考查折射定律、反射定律，还考查空间频率在各方向的表达，以及全反射的概念，难度中等。

解：(1) 由折射定律，有

$$\frac{n_1}{n_2} = \frac{c/\lambda_1 v}{c/\lambda_2 v} = \frac{\lambda_2}{\lambda_1} = \frac{\sin\theta_t}{\sin\theta_i}$$

可得折射波在 x 方向上的分量为

$$f_{tx} = \frac{\sin\theta_t}{\lambda_2} = \frac{\sin\theta_i}{\lambda_1}$$

且

$$f_{tx}^2 + f_{tz}^2 = \frac{1}{\lambda_2^2} = \frac{(n_2/n_1)^2}{\lambda_1^2}$$

解得，折射波在 z 方向上的分量为

$$f_{tz} = \sqrt{\frac{(n_2/n_1)^2 - \sin^2\theta_i}{\lambda_1^2}} = \frac{1}{\lambda_1}\sqrt{\sin^2\theta_i - (n_2/n_1)^2}$$

(2) 在全反射时，折射波的复振幅为

$$E_t = E_{t0}\exp\left[-k_i\left(\sin^2\theta_i - \frac{n_2^2}{n_1^2}\right)^{1/2} z\right]\exp[j(k_i\sin\theta_i x - \omega t)]$$

$$= E_{t0}\exp\left[-k_i\left(\sin^2\theta_i - \frac{n_2^2}{n_1^2}\right)^{1/2} z\right]\exp[j(k_{ix} x - \omega t)]$$

$$= E_{t0}\exp\left[-k_i\left(\sin^2\theta_i - \frac{n_2^2}{n_1^2}\right)^{1/2} z\right]\exp\left[j\left(\frac{2\pi\sin\theta_i}{\lambda_i}x - \omega t\right)\right]$$

折射波的初位相为

$$\varphi_0 = \frac{2\pi\sin\theta_i}{\lambda_i}x - \omega t$$

1.32 如图 1-17 所示，一直角棱镜（$n = 1.5$）置于空气中，试问为了保证在棱镜斜面上发生全反射，最大入射角 α_{max} 为多少？

【解题思路及提示】 本题考查的是对全反射的熟练掌握并应用，难度中等。提示：根据几何关系即可求解。

解：直角棱镜的全反射临界角为

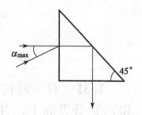

图 1-17 题 1.32 图

$$\theta_c = \arcsin\frac{1}{1.5} = 41.81°$$

根据几何关系可得，光从空气入射到棱镜时的最大折射角为

$$\theta_t = 45° - \theta_c = 3.19°$$

根据折射定律，最大入射角为

$$\alpha_{max} = \arcsin(n\sin\theta_t) = 4.79°$$

1.33 试证明：

（1）在全反射时，如果入射角满足

$$\cos\theta_i = \sqrt{\frac{n_1^2 - n_2^2}{n_1^2 + n_2^2}}$$

则 $\varphi_{rp} - \varphi_{rs}$ 达到极小值。

（2）设 $n_1 = 1.51$, $n_2 = 1.0$，试求上述 θ_i 值及 $\varphi_{rp} - \varphi_{rs}$ 的大小。

【解题思路及提示】 本题考查的是对全反射的掌握，难度中等。

证明： 由教材中的式（1-135）和式（1-140）可知，有全反射时，

$$\Gamma = \left[\left(\frac{n_1}{n_2}\right)^2 \sin^2\theta_i - 1\right]^{1/2}$$

$$\varphi_{rp} - \varphi_{rs} = 2\mathrm{arccot}\left(\frac{n_2 \Gamma \cos\theta_i}{n_1 \sin^2\theta_i}\right)$$

由于 $\mathrm{arccot}\,x$ 为单调递减函数，故本题等价于求 $\dfrac{n_2 \Gamma \cos\theta_i}{n_1 \sin^2\theta_i}$ 取最大值时 $\cos\theta_i$ 的值。

此时，

$$\frac{n_2 \Gamma \cos\theta_i}{n_1 \sin^2\theta_i} = \frac{n_2 \sqrt{(n_1/n_2)^2 \sin^2\theta_i - 1} \cdot \cos\theta_i}{n_1 \sin^2\theta_i} = \sqrt{\frac{(n_1^2 \sin^2\theta_i - n_2^2)(1 - \sin^2\theta_i)}{n_1^2 \sin^4\theta_i}}$$

取 $\sin^2\theta_i = x$，有

$$\sqrt{\frac{(n_1^2 x - n_2^2)(1 - x)}{n_1^2 x^2}} = \sqrt{\frac{n_1^2 x - n_2^2 - n_1^2 x^2 + n_2^2 x}{n_1^2 x^2}} = \sqrt{-\frac{n_2^2}{n_1^2} \cdot \frac{1}{x^2} + \frac{n_1^2 + n_2^2}{n_1^2} \cdot \frac{1}{x} - 1}$$

即求 $-\dfrac{n_2^2}{n_1^2} \cdot \dfrac{1}{x^2} + \dfrac{n_1^2 + n_2^2}{n_1^2} \cdot \dfrac{1}{x} - 1$ 取最大值时，x 的值。

当 $\dfrac{1}{x} = -\dfrac{b}{2a} = -\dfrac{\dfrac{n_1^2 + n_2^2}{n_1^2}}{-2\dfrac{n_2^2}{n_1^2}} = \dfrac{n_1^2 + n_2^2}{2n_2^2}$ 时，满足题目要求。

此时，

$$\frac{1}{\sin^2\theta_i} = \frac{n_1^2 + n_2^2}{2n_2^2}, \quad \sin^2\theta_i = \frac{2n_2^2}{n_1^2 + n_2^2}, \quad \cos^2\theta_i = 1 - \sin^2\theta_i = 1 - \frac{2n_2^2}{n_1^2 + n_2^2} = \frac{n_1^2 - n_2^2}{n_1^2 + n_2^2}$$

即当 $\cos\theta_i = \sqrt{\dfrac{n_1^2 - n_2^2}{n_1^2 + n_2^2}}$ 时，$\varphi_{rp} - \varphi_{rs}$ 达到极小值。

（2）将 $n_1 = 1.51$、$n_2 = 1.0$ 代入

$$\cos\theta_i = \sqrt{\dfrac{n_1^2 - n_2^2}{n_1^2 + n_2^2}}, \quad \varphi_{rp} - \varphi_{rs} = 2\arccot\left(\dfrac{n_2 \Gamma \cos\theta_i}{n_1 \sin^2\theta_i}\right)$$

解得

$$\cos\theta_i \approx 0.6247, \quad \theta_i = 51.3°, \quad \varphi_{rp} - \varphi_{rs} \approx 148°$$

1.34 全反射时，通常把 n_2 介质中 $E_t(z)/E_t(0) = 1/e$ 所对应的 z 值称为倏逝波的"穿透深度"，并用 d_0 表示。试求 $n_1 = 1.5$，$n_2 = 1.0$，$\theta_i = 60°$，$\lambda_i = 0.63$ μm 时的 d_0 值。

【**解题思路及提示**】 本题考查的是在全反射中对倏逝波函数的表达，难度中等。

解：全反射时，倏逝波的振幅项为

$$E_t(z) = E_{t0} \exp\left[-k_i\left(\sin^2\theta_i - \dfrac{n_2^2}{n_1^2}\right)^{1/2} z\right]$$

此时，

$$E_t(0) = E_{t0}$$

当 $\dfrac{E_t(z)}{E_t(0)} = \dfrac{1}{\exp\left[k_i\left(\sin^2\theta_i - \dfrac{n_2^2}{n_1^2}\right)^{1/2} z\right]} = \dfrac{1}{e}$ 时，满足要求，即

$$k_i\left(\sin^2\theta_i - \dfrac{n_2^2}{n_1^2}\right)^{1/2} z = \dfrac{2\pi}{\lambda_i}\left(\sin^2\theta_i - \dfrac{n_2^2}{n_1^2}\right)^{1/2} z = 1$$

代入数据，得 $z = 0.18$ μm $= 1.8 \times 10^{-4}$ mm。

1.35 有一根光纤如图 1-18 所示。其中 AB 段为直线，BC 段被弯曲成圆弧形，内半径为 R。其他有关几何量已在图上标出。

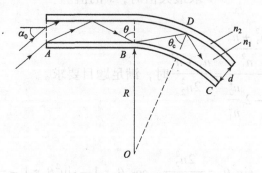

图 1-18 题 1.35 图

(1) 若 n_1、n_2、R、d 已知，试求此光纤的接纳角 α_0。（提示：欲使全部进入光纤的光线在圆弧段都能全反射，必须使图中所示光线在圆弧段的入射角不得小于 θ_c）。

(2) 若 $n_1 = 1.62$、$n_2 = 1.52$、$d = 50~\mu m$，试求 R 分别等于 1 mm、5 mm、10 mm 和 ∞ 时的 α_0 值。

(3) 若要求 $\alpha_0 = 25°$，试问 R 的最小值为何值？

【解题思路及提示】 本题考查的是对全反射的熟练掌握及应用，以及光纤通光孔径的计算，难度中等。提示：通过几何关系可得。

解：(1) 延长 AB 交 OD 于点 E，有
$$n_1 \sin\alpha' = n_0 \sin\alpha_0 = \sin\alpha_0$$

在三角形 BOD 中，由正弦定理，有
$$\frac{\sin\theta_c}{R} = \frac{\sin(\alpha' + 90°)}{R + d}$$

即
$$\cos\alpha' = \frac{R+d}{R}\sin\theta_c = \frac{R+d}{R} \cdot \frac{n_2}{n_1}$$

$$\sin\alpha' = \sqrt{1 - \cos^2\alpha'} = \sqrt{1 - \left(\frac{R+d}{R} \cdot \frac{n_2}{n_1}\right)^2}$$

此时
$$\sin\alpha_0 = n_1 \sin\alpha' = n_1 \sqrt{1 - \left(\frac{R+d}{R} \cdot \frac{n_2}{n_1}\right)^2} = \sqrt{n_1^2 - \left(1 + \frac{d}{R}\right)^2 n_2^2}$$

即此光纤的接纳角满足
$$\alpha_0 \leq \arcsin\sqrt{n_1^2 - \left(1 + \frac{d}{R}\right)^2 n_2^2}$$

(2) 将 $n_1 = 1.62$、$n_2 = 1.52$、$d = 50$ mm 代入（1）的计算结果，此时 α_0 的结果分别为

$$R = 1~\text{mm},~\alpha_0 \leq 16.13°$$
$$R = 5~\text{mm},~\alpha_0 \leq 31.15°$$
$$R = 10~\text{mm},~\alpha_0 \leq 33.64°$$
$$R = \infty,~\alpha_0 \leq 34.08°$$

(3) 将 $\alpha_0 = 25°$ 代入 $\alpha_0 \leq \arcsin\sqrt{n_1^2 - \left(1 + \frac{d}{R}\right)^2 n_2^2}$，解得 R 的最小值为 $R_{\min} = 1.73$ mm。

第 2 章
光 的 干 涉

■ **学习目的**

知悉和理解干涉的基本理论、分波面干涉、分振幅干涉以及多光束干涉的原理及应用，熟悉常用的干涉仪器，能够解决基本的干涉问题。

■ **学习要求**

1. 从波动的概念认识光波干涉的现象，明确光波干涉的定义和基本含义。
2. 了解波的独立传播原理和波的叠加原理，掌握光波振幅叠加的计算方法，理解相干条件的物理意义。
3. 掌握光程差、位相差的含义和求解方法，建立干涉场强度分布与位相差的本质关系。
4. 理解并掌握基元波干涉的基本原理和干涉场强度分布的特点。
5. 掌握分波面干涉的基本原理和干涉场强度分布的计算。
6. 看懂分波面干涉仪光路，理解理想光源与实际光源对干涉条纹的影响，初步了解光源和干涉装置的空间相干性、时间相干性问题。
7. 掌握分振幅干涉的基本原理和干涉场强度分布的计算，了解条纹的定域性质。
8. 看懂分振幅干涉仪光路，会根据光路分析干涉光束位相差，理解干涉条纹与位相差之间的本质关系。
9. 理解并掌握分振幅多光束干涉的原理、干涉场强度分布的特点及多光束干涉仪的应用。

基本概念和公式

1. 光波干涉的基本概念

干涉是一种重要的波动现象，光的干涉及其应用是物理光学的一项重要研究内容。

光的干涉定义：按照波动光学的观点，光的干涉是指两个或者多个光波在同一空间域叠加时，若该空间域的光能量密度分布不同于各个分量波单独存在时的光能量密度之和，则称光波在该空间域发生了干涉。各分量波相互叠加并且发生干涉的空间域称为干涉场；若在三维干涉场中放置一个二维观察屏，则将屏上出现的稳定的辐照度分布图形称为干涉条纹或干涉图形。

干涉问题的三要素：光源、干涉装置和干涉图形。研究干涉问题就是研究这三要素之间的关系，即从已知的两个要素求第三个要素。

本章从干涉基本理论出发，推导光波干涉的基本条件，在分析平面波和球面波等简单基元光波干涉的基础上，深入讨论分波面和分振幅双光束干涉的典型光路，干涉场位相差和强度分布特性以及求解方法，并对分振幅多光束干涉的分析方法和典型应用进行深入讨论。

2. 光波干涉的基本原理

1）波的独立传播原理和叠加原理

波的独立传播原理：光源 A 和光源 B 发出的两列波在同一空间区域传播时，互不干扰，每列波按照各自的传播规律独立进行。

波的叠加原理：两列波在同一空间区域传播时，空间每一点将受到各分量波作用，在波叠加的空间区域，每一点扰动将等于各个分量波单独存在时该点的扰动之和。当各分量波为标量波时，合扰动等于各分量波在该点扰动的标量和，即 $E = \sum_{i=1}^{N} E_i$；当各分量波为矢量波时，合扰动等于各分量波扰动的矢量和，即 $\boldsymbol{E} = \sum_{i=1}^{N} \boldsymbol{E}_i$。

2）平面标量波光波叠加综述

（1）同频同向传播标量波叠加。

设两个分量波是简谐平面波，时间频率为 ω，沿 z 轴方向传播，振幅分别为 E_{10} 和 E_{20}，初位相分布为 φ_{10} 和 φ_{20}；合成波是与分量波时间频率相同，传播方向相同，其他空间、时间参量及位相速度都没有变化的简谐平面波。

两个分量波的波函数分别为 $E_1(z,t) = E_{10}\exp[j(kz - \omega t + \varphi_{10})]$ 和 $E_2(z,t) = E_{20}\exp[j(kz - \omega t + \varphi_{20})]$,则其合成波的波函数可以写成

$$E(z,t) = E_{10}\exp[j(kz - \omega t + \varphi_{10})] + E_{20}\exp[j(kz - \omega t + \varphi_{20})]$$
$$= [E_{10}\exp(j\varphi_{10}) + E_{20}\exp(j\varphi_{20})]\exp[j(kz - \omega t)]$$
$$= E_0\exp[j(kz - \omega t)] \tag{2-1}$$

(2) 同频反向传播标量波叠加。

假设两个分量波的振幅相等,均为 E_0,合成波的位相因子与空间位置坐标 z 无关,则将此波称为驻波。

设两个分量波的波函数分别为 $E_1(z,t) = E_0\exp[j(kz - \omega t + \varphi_{10})]$,$E_2(z,t) = E_0\exp[j(-kz - \omega t + \varphi_{20})]$,则其合成波的波函数可以写成

$$E(z,t) = E_{10}\exp[j(kz - \omega t + \varphi_{10})] + E_{20}\exp[j(-kz - \omega t + \varphi_{20})]$$
$$= 2E_0\cos\left(kz - \frac{\varphi_{20} - \varphi_{10}}{2}\right)\exp\left[-j\left(\omega t - \frac{\varphi_{20} + \varphi_{10}}{2}\right)\right] \tag{2-2}$$

驻波具有稳定的周期性强度分布,这一强度分布不仅和空间位置 z 有关,而且和两分量波的波长和初位相差有关。通过对驻波场的分析和测量,可以获得相关信息,如著名的维纳实验和弗罗姆利用驻波场测量电磁波位相速度的实验。

(3) 不同频率标量波的叠加——拍频和光外差干涉。

在教材中只介绍了一些特例,如两个同向传播、振幅相等的简谐平面波。设两个波的波函数分别为 $E_1(z,t) = E_{10}\exp[j(k_1z - \omega_1 t + \varphi_{10})]$ 和 $E_2(z,t) = E_{10}\exp[j(k_2z - \omega_2 t + \varphi_{20})]$,则其合成波的波函数可以写成

$$E(z,t) = E_{10}\exp[j(k_1z - \omega_1 t + \varphi_{10})] + E_{10}\exp[j(k_2z - \omega_2 t + \varphi_{20})]$$
$$= 2E_{10}\cos\left(\frac{\Delta k}{2}z - \frac{\Delta\omega}{2}t + \frac{\Delta\varphi_0}{2}\right)\exp[j(\overline{k}z - \overline{\omega}t - \overline{\varphi}_0)] \tag{2-3}$$

这种由两个交变物理量叠加产生一个差频物理量的现象称为拍频现象。目前,广泛应用于长度和振动精密测量方面的激光外差干涉仪正是基于这一原理设计的。

3) 双光束干涉的基本条件

(1) 干涉场强度。

根据干涉定义,干涉场中光能量密度的空间分布是干涉现象是否存在的判据。通常情况下,干涉问题中有意义的是干涉场中光能量密度的相对分布,因此定义干涉场强度为

$$I(\boldsymbol{r}) = \langle \boldsymbol{E} \cdot \boldsymbol{E}^* \rangle \tag{2-4}$$

(2) 干涉项和干涉基本条件。

以两个单色平面波叠加为例,分析干涉基本条件。设在空间一点 $P(\boldsymbol{r})$ 叠加的两个平面波 $\boldsymbol{E}_1$ 和 $\boldsymbol{E}_2$ 的波函数分别为 $\boldsymbol{E}_1(\boldsymbol{r},t) = \boldsymbol{E}_{10}\cos(\boldsymbol{k}_1 \cdot \boldsymbol{r} - \omega_1 t + \varphi_{10})$ 和 $\boldsymbol{E}_2(\boldsymbol{r},t) =$

$E_{20}\cos(k_2 \cdot r - \omega_2 t + \varphi_{20})$，应用波的叠加原理，可知在 t 时刻，$P(r)$ 点处的合扰动为 $E(r,t) = E_1(r,t) + E_2(r,t)$。将其代入式（2-4），可得干涉场的强度为

$$I(r) = \langle (E_1 + E_2) \cdot (E_1 + E_2)^* \rangle$$
$$= \langle E_1 \cdot E_1^* \rangle + \langle E_2 \cdot E_2^* \rangle + \langle E_1 \cdot E_2^* \rangle + \langle E_1^* \cdot E_2 \rangle$$
$$= I_1(r) + I_2(r) + 2\langle E_1 \cdot E_2 \rangle \qquad (2-5)$$

式中，$I_1(r)$ 和 $I_2(r)$ 分别是 E_1 和 E_2 单独存在时 $P(r)$ 处的强度。按照光的干涉的定义，$I(r) \neq I_1(r) + I_2(r)$，只有当 $2\langle E_1 \cdot E_2 \rangle$ 不为零时，才说明该处发生了光的干涉，因此称 $2\langle E_1 \cdot E_2 \rangle$ 为两束光干涉的干涉项。根据干涉项不为零的条件，可以推导出光波干涉问题中获得稳定强度空间分布的条件，即光波的干涉条件或相干条件：

$$E_{10} \cdot E_{20} \neq 0; \quad \omega_2 = \omega_1; \quad \varphi_{20} - \varphi_{10} = \text{常数}$$

完全满足上述三个条件的光波称为相干光波，产生相干光波的装置称为分光装置。根据分光装置产生相干光波的方法不同，干涉装置可以分为分波面干涉装置和分振幅干涉装置。

4）两个平面波的干涉

（1）干涉场强度公式。

设两个相干平面波的波函数为

$$\left. \begin{array}{l} E_1(r,t) = E_{10}\exp[j(k_1 \cdot r - \omega t + \varphi_{10})] \\ E_2(r,t) = E_{20}\exp[j(k_2 \cdot r - \omega t + \varphi_{20})] \end{array} \right\} \qquad (2-6)$$

则两个平面波的干涉场强度公式为

$$I(r) = \langle (E_1 + E_2) \cdot (E_1^* + E_2^*) \rangle$$
$$= \langle E_1 \cdot E_1^* \rangle + \langle E_2 \cdot E_2^* \rangle + \langle E_1 \cdot E_2^* \rangle + \langle E_1^* \cdot E_2 \rangle$$
$$= |E_{10}|^2 + |E_{20}|^2 + 2E_{10} \cdot E_{20}\cos[(k_2 - k_1) \cdot r + (\varphi_{20} - \varphi_{10})] \qquad (2-7)$$

式中，$\Delta\varphi = (k_2 - k_1) \cdot r + (\varphi_{20} - \varphi_{10})$，表示两相干光波从光源出发到达考察点 $P(r)$ 时的位相差，干涉场的强度分布完全由位相差分布唯一确定。

（2）干涉场强度分布特点。

①峰值强度面。

在三维干涉场中，等强度面即等位相差面，或认为是位相差相等的考察点的轨迹。两个平面波干涉的等强度面是三维空间一系列平行平面，等强度面法线方向为 $\Delta k = k_2 - k_1$ 的方向。

最大强度面满足条件：

$$\Delta\varphi = (k_2 - k_1) \cdot r + (\varphi_{20} - \varphi_{10}) = 2m\pi \quad （m 为整数）$$

干涉场强度的极大值：

$$I_M = |E_{10}|^2 + |E_{20}|^2 + 2E_{10} \cdot E_{20}\cos(2m\pi) = |E_{10} + E_{20}|^2$$

最小强度面满足条件：
$$\Delta\varphi = (\boldsymbol{k}_2 - \boldsymbol{k}_1) \cdot \boldsymbol{r} + (\varphi_{20} - \varphi_{10}) = (2m+1)\pi \quad (m \text{ 为整数})$$
干涉场强度的极小值：
$$I_{\text{m}} = |\boldsymbol{E}_{10}|^2 + |\boldsymbol{E}_{20}|^2 + 2\boldsymbol{E}_{10} \cdot \boldsymbol{E}_{20}\cos[(2m+1)\pi] = |\boldsymbol{E}_{10} - \boldsymbol{E}_{20}|^2$$

② 干涉场强度的空间频率和空间周期。

干涉场强度 $I(\boldsymbol{r})$ 呈空间周期性分布，故用空间频率的概念来描述其周期性变化的速率。如图 2-1 所示，沿 $\Delta\boldsymbol{k}$ 方向，两平面波干涉的干涉场强度分布空间频率和空间周期分别为

$$\text{空间频率} |f| = \frac{|\boldsymbol{k}_1|}{\pi}\sin\frac{\theta}{2} = \frac{2\sin(\theta/2)}{\lambda}$$

$$\text{空间周期} P = \frac{1}{|f|} = \frac{\lambda}{2\sin(\theta/2)}$$

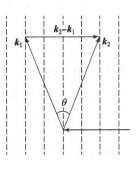

图 2-1 空间频率与 θ 的关系

③ 二维观察平面上的强度分布——干涉图形。

在三维干涉场中放置一个二维的观察屏，屏上将出现强度变化的干涉图形，这实际上是峰值强度面和观察平面的交线，因此又称为干涉条纹。对于两个平面波干涉的情形，峰值强度面是强度按余弦规律变化的平行等距平面，因此，Π 平面上的干涉条纹应是一组平行等距的直线型条纹（图 2-2），条纹的方向及空间频率（或空间周期）与观察屏 Π 的方向有关。

Π_1 垂直于 $\boldsymbol{f}$，干涉条纹空间频率 $|f_1| = 0$，为无限宽条纹。

Π_2 平行于 $\boldsymbol{f}$，空间频率 $|f_2| = \dfrac{2\sin(\theta/2)}{\lambda}$，为平行等距直条纹。

Π_3 平行于 x 轴，空间频率 $|f_3| = |f_2|\cos\alpha = \dfrac{2\sin(\theta/2)\cos\alpha}{\lambda}$，为平行等距直条纹。

Π_4 平行于 y 轴，空间频率 $|f_4| = |f_2|\sin\alpha = \dfrac{2\sin(\theta/2)\sin\alpha}{\lambda}$，为平行等距直条纹。

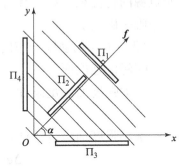

图 2-2 平面波干涉时二维观察屏上的干涉条纹

④ 干涉条纹的反衬度。

反衬度是定量描述干涉条纹清晰度的物理量，定义为

$$V = \frac{I_{\text{M}} - I_{\text{m}}}{I_{\text{M}} + I_{\text{m}}} \tag{2-8}$$

从而可以推导出两束平面波干涉条纹反衬度公式为

$$V = \frac{|\mathbf{E}_{10}+\mathbf{E}_{20}|^2 - |\mathbf{E}_{10}-\mathbf{E}_{20}|^2}{|\mathbf{E}_{10}+\mathbf{E}_{20}|^2 + |\mathbf{E}_{10}-\mathbf{E}_{20}|^2} = \frac{2|\mathbf{E}_{10}\cdot\mathbf{E}_{20}|}{|\mathbf{E}_{10}|^2 + |\mathbf{E}_{20}|^2} = \frac{2\sqrt{\varepsilon}}{1+\varepsilon}|\cos\psi| \qquad (2-9)$$

式中，ε 为两相干平面波的强度比；ψ 为它们振动方向之间的夹角。

5) 两个球面波的干涉

(1) 干涉场强度分布。

如图 2-3 所示，$S_1\left(-\dfrac{l}{2},0,0\right)$ 和 $S_2\left(\dfrac{l}{2},0,0\right)$ 是两个相距 l 的相干点光源，发射波长为 λ 的球面波。$P(x,y,z)$ 是和光源 S_1、S_2 相距 d_1 和 d_2 的任意考察点。设两个球面波在 P 点的电场振动方向相同，其波函数分别为 $E_1(P) = \dfrac{E_{10}}{d_1}\exp[\mathrm{j}(kd_1 - \omega t + \varphi_{10})]$ 和

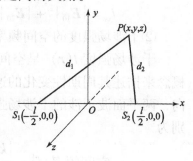

图 2-3 两个球面波的干涉

$E_2(P) = \dfrac{E_{20}}{d_2}\exp[\mathrm{j}(kd_2 - \omega t + \varphi_{20})]$，则 P 点的干涉场强度为

$$I(P) = \left\langle \left| \frac{E_{10}}{d_1}\exp[\mathrm{j}(k_0 L_1 - \omega t + \varphi_{10})] + \frac{E_{20}}{d_2}\exp[\mathrm{j}(k_0 L_2 - \omega t + \varphi_{20})] \right|^2 \right\rangle$$

$$= I_1(P) + I_2(P) + 2\sqrt{I_1(P)I_2(P)}\cos[k_0\Delta + (\varphi_{20}-\varphi_{10})] \qquad (2-10)$$

其中，两相干光波从光源出发到达考察点时的位相差 $\Delta\varphi = k_0\Delta + (\varphi_{20}-\varphi_{10})$ 包括两点源的初位相差和传播过程中产生的位相差。干涉场的强度分布仍然由位相差分布唯一确定。

(2) 干涉场强度分布的特点。

① 峰值强度面。

最大强度面满足条件：

$$\Delta\varphi = k_0\Delta + (\varphi_{20}-\varphi_{10}) = 2n\pi$$

最小强度面满足条件：

$$\Delta\varphi = k_0\Delta + (\varphi_{20}-\varphi_{10}) = (2n+1)\pi$$

② 干涉场强度分布的空间频率。

对于两个球面波的干涉，干涉场强度分布不再具有严格的空间周期性，但干涉场强度与位相差 $\Delta\varphi$ 或光程差 Δ 之间仍然存在周期性。干涉场强度分布的空间频率是从极限的意义上定义的，有

$$f = \frac{\mathrm{grad}\,\Delta}{\lambda_0} = \frac{\mathrm{grad}(\Delta\varphi)}{2\pi} \qquad (2-11)$$

此时，可以导出沿坐标轴 x、y、z 方向的空间频率为

$$f_x = \left|\frac{\partial\Delta}{\lambda_0\,\partial x}\right|;\ f_y = \left|\frac{\partial\Delta}{\lambda_0\,\partial y}\right|;\ f_z = \left|\frac{\partial\Delta}{\lambda_0\,\partial z}\right| \qquad (2-12)$$

③ 二维观察平面上干涉条纹的性质。

在考察点远离光源的情况下，$I_1(P)$ 和 $I_2(P)$ 可近似作为常量处理，于是三维干涉场的等强度面即等光程差面。两球面波干涉时，干涉场等强度面为一系列以两点源连线为轴的回转双曲面，如图 2-4（a）所示。在三维干涉场中放置二维观察屏，干涉条纹的形状和性质不仅取决于干涉场强度分布，还与二维观察屏的位置有关。

Π_1 位于 $y = y_0$ 位置，当 $y \gg l$ 及 x、z 坐标时，$\Delta \approx \dfrac{nl}{y_0} x$，干涉条纹是一组平行于 z 坐标的平行等距直条纹，如图 2-4（b）所示，$|f_x| = \left| \dfrac{\partial \Delta}{\lambda_0 \partial x} \right| = \dfrac{nl}{\lambda_0 y_0}$。

Π_2 位于 $x = x_0$ 位置，干涉条纹是一组圆心位于 $S_1 S_2$ 连线上的同心圆环状条纹，干涉强度的梯度沿极径 ρ 方向，如图 2-4（c）所示。沿 ρ 方向的空间频率为 $f = \dfrac{d\Delta}{\lambda_0 d\rho} = \dfrac{nl}{\lambda_0 x_0^2} \rho$。$x_0$ 越大，条纹就越稀疏；当 x_0 确定时，条纹内疏外密。

当观察屏位于 Π_3 位置时，得到一组弯曲条纹，如图 2-4（d）所示。

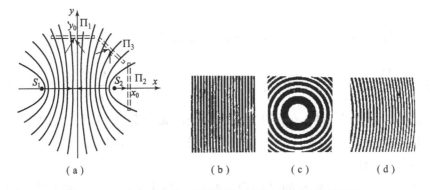

图 2-4 两个球面波干涉的等强度面及屏上的干涉图形

3. 分波面干涉

典型的分波面干涉装置有杨氏实验装置、各种菲涅耳型分波面装置及光栅等，在此以杨氏实验为例来介绍分波面双光束干涉。

1）杨氏实验

杨氏实验装置和坐标规定如图 2-5 所示。小孔 S_1 和 S_2 截取了光源 S_0 发出的球面波波面上的两个小面元，形成一对相干的球面子波波源。S_1 和 S_2 发出的球面子波在光阑 Σ 后的空间叠加，产生分波面的双光束干涉。当满足杨氏干涉条件时，观察屏 Π 上的干涉条纹分布为一组平行于 z 轴的平行等距直条纹，称为杨氏条纹。

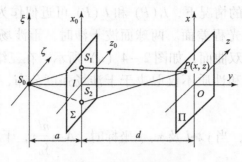

图 2-5 杨氏实验装置

(1) 理想光源。

①光源 S_0 位于 y 轴。

杨氏条纹干涉场强度分布为

$$I(x) = 2I_0\left[1 + \cos\left(2\pi\frac{nl}{\lambda_0 d}x\right)\right] = 4I_0\cos^2\left(\pi\frac{nl}{\lambda_0 d}x\right) \qquad (2-13)$$

干涉图形是一组强度按余弦函数分布的干涉条纹。亮纹条件为 $2\pi\dfrac{nl}{\lambda_0 d}x = 2N\pi$；暗纹条件为 $2\pi\dfrac{nl}{\lambda_0 d}x = (2N+1)\pi$；第 m 级亮纹位置 $x = \dfrac{\lambda_0 d}{nl}m$；沿 x 方向，空间频率 $|f| = \dfrac{d\Delta}{\lambda_0 dx} = \dfrac{nl}{\lambda_0 d}$；空间周期（条纹间距）$e = \dfrac{1}{|f|} = \dfrac{\lambda_0 d}{nl}$。只要观察距离 d 满足菲涅尔近似，那么在不同 d 值的平面上，杨氏条纹分布相似，反衬度不变（$V\equiv 1$）。这种反衬度不随观察点位置变化的干涉条纹称为非定域条纹。

②光源偏离 yOz 平面。

如图 2-6 所示，光源 S_0 的坐标为 (ξ,ζ)，杨氏条纹干涉场强度分布为

$$I(x) = 2I_0\left\{1 + \cos\left[2\pi\frac{nl}{\lambda_0}\left(\frac{x}{d} + \frac{\xi}{a}\right)\right]\right\} \qquad (2-14)$$

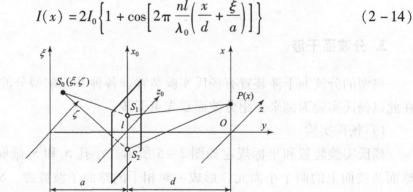

图 2-6 光源 S_0 偏离 yOz 平面的情形

这仍然是一组强度按余弦函数分布的干涉条纹，条纹的形状、方向、空间频率及反衬度均与光源 S_0 位于 y 轴上的情形相同，唯一的差别是整组杨氏条纹沿 x 轴方向发生了平移，零级条纹位置应满足 $2\pi\dfrac{nl}{\lambda_0}\left(\dfrac{x}{d}+\dfrac{\xi}{a}\right)=0$，零级杨氏条纹的位置坐标 $x_0=-\dfrac{d}{a}\xi$。

③杨氏干涉条纹强度分布特点。

a. 当光源 S_0 是位于 y 轴上的理想光源时，杨氏条纹是一组强度余弦函数分布、全对比、平行于 z 轴的平行等距直条纹，条纹在 x 方向的空间周期（条纹间距）$e=\dfrac{\lambda_0 d}{nl}$。零级条纹位于 $x=0$ 处。

b. 当光源 S_0 在干涉装置的对称面内平移（沿 ζ 方向平移）时，不改变光源空间的对称性，不影响 S_1 和 S_2 的初位相差，因此杨氏条纹不变。

c. 当光源 S_0 偏离干涉装置的对称平面，即沿 ξ 轴平移一段距离 ξ 时，将使 S_1 和 S_2 之间产生 $\Delta\varphi=2\pi\dfrac{nl}{\lambda_0 a}\xi$ 的初位相差，引起整组杨氏条纹向光源 S_0 移动的相反方向平移，移动量 $x=-\dfrac{d}{a}\xi$。

（2）实际光源的情形。

实际光源在空间域上具有一定的几何尺寸和辐射功率密度分布，即空间域扩展，用空间辐射功率密度函数 $S(\xi,\zeta)$ 表示。在时间域上，发射的光波包含不止一个时间频率和波长，即时间域的扩展，用光波电场振动函数 $E(t)$ 或功率谱 $S'(\nu)$ 表示。光源的空间分布特性和时间分布特性都会对杨氏条纹的强度分布产生影响。

①光源空间分布的影响：

当光源 S_0 是单色扩展面光源时，由于光源沿 ζ 方向的展宽对杨氏条纹强度分布没有影响，因此可以只讨论光源沿 ξ 方向展宽的情形。设光源 S_0 在 ξ 方向的辐射功率密度分布为 $S(\xi)$，则杨氏条纹的反衬度为 $V=\dfrac{|\mathscr{S}(u)|}{|\mathscr{S}(0)|}$，$\mathscr{S}(u)$ 是 $S(\xi)$ 的傅里叶变换。

②光源光谱组成的影响：

在讨论光源光谱组成的影响时，可假定光源 S_0 是位于 y 轴上的多色点光源。光源中各种频率成分产生的杨氏干涉条纹在观察屏上非相干强度叠加。设光源的功率谱为 $S'(\nu)$，$S'(\nu)$ 的傅里叶变换和余弦傅里叶变换分别为 $\mathscr{S}'(\tau)$ 和 $\mathscr{S}'_c(\tau)$，则合成杨氏条纹的强度表示为 $I(x)=c'[\mathscr{S}'(0)+\mathscr{S}'_c(\tau)]$。

2）光波的相干性

光波的相干性就是讨论由实际光源产生的光波干涉叠加的性质。由于光波的相干性是由光源在空间域和时间域的扩展引起的，所以分为空间相干性和时间相干性来讨论。本书仅结合对杨氏干涉条纹的计算结果，给出对光波相干性的定性描述。

（1）光波的空间相干性。

光波的空间相干性是指单色扩展光源照明的空间两点 S_1 和 S_2 作为次波源时的相干性或位相关联性。这种相干性或位相关联性的程度可以用 S_1 和 S_2 发出次波的干涉场强度分布，即干涉条纹的反衬度 V 来衡量。在定量描述光波的空间相干性时，除了可以用反衬度 V 之外，还可以用相干区范围（包括线度和面积）和相干角度这两种常用物理量描述。

当光源尺寸为 b 时，相干区线度 $l \leq \dfrac{\lambda a}{b}$，相干区线度 $l^2 \leq \left(\dfrac{\lambda a}{b}\right)^2$，相干角度 $\omega_s \leq \dfrac{\lambda}{b}$。

（2）光波的时间相干性。

光波的时间相干性讨论的是光源时间展宽引起的相干性问题。本质上，它是指点光源不同时刻扰动之间在位相上的关联性；在表现上，它表现为该点光源产生的两个光波干涉叠加时，使反衬度不为零的最大光程差或传播时间差。在描述光波的时间相干性时，一般采用以下几种物理量。

① 相干光程：$\Delta_0 = c\theta = \dfrac{c}{\Delta \nu}$

② 相干时间：$\tau_0 = \dfrac{\Delta_0}{c} = \theta = \dfrac{1}{\Delta \nu}$

③ 最大干涉级：$m_0 = \dfrac{\Delta_0}{\lambda} = \dfrac{\bar{\nu}}{\Delta \nu} \approx \left|\dfrac{\bar{\lambda}}{\Delta \lambda}\right|$

3）分波面干涉的应用

（1）瑞利干涉仪。

瑞利干涉仪是根据杨氏实验原理设计的一种分波面干涉装置，主要用途是精确测量液体和气体的折射率，其光路如图 2-7 所示。

（2）迈克耳逊天体干涉仪。

迈克耳逊天体干涉仪是一种改进的杨氏干涉装置，主要用来测量两个靠近

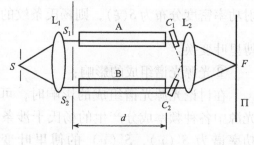

图 2-7 瑞利干涉仪

的"点"状星体之间的角距离或者均匀圆形星体的角直径。迈克耳逊天体干涉仪示意如图 2-8 所示。其工作原理是：设计可对称移动的反射镜 M_1 和 M_2，用反射镜起到杨氏实验装置中小孔的分波面作用，在观察屏上形成分波面杨氏干涉条纹。利用条纹反衬度 V 和光源辐射功率密度函数 $S(\xi)$ 的频谱 $S(u)$ 之间的关系，研究光源的空间分布特性。

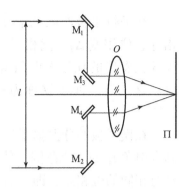

图 2-8 迈克耳逊天体干涉仪

4. 分振幅干涉

分振幅干涉允许使用准单色的扩展光源，而且由分振幅元件产生的两相干光束之间可以分开任意角度，便于在任何一支光路中引入被测物体。因此，大多数现代干涉仪器都采用分振幅原理。在分振幅干涉装置中，常用的分振幅元件（或分光元件）有平行平板、楔形板、薄膜、棱镜等。

1) 干涉条纹的定域性质

对杨氏实验的分析说明：当采用单色扩展光源时，分波面干涉的条纹反衬度 V 与考察面位置无关。这种反衬度基本不随考察点的位置而变化的干涉条纹称为非定域条纹。对于分振幅干涉，当采用单色扩展光源时，条纹的反衬度将随考察点的位置而变化。这种反衬度与考察点位置有明显关系的干涉条纹称为定域条纹。具有最大反衬度的观察面称为定域面。无穷远的理想定域面是所有对应零干涉孔径角的观察点的集合。

在分振幅干涉中，使用单色扩展光源时，干涉条纹为定域条纹。为了便于对干涉条纹进行观察测量，通常将观察面取在定域面附近的平面上。平行平板的定域面在无限远处，因此它是理想定域面。两个不平行表面构成的透明板是非平行板，一般非平行板可看成夹角不同的楔形板的组合。楔形板是由两个夹角（α）很小的反射平面构成的分振幅双光束干涉装置，也属于定域干涉，其定域面可用一个平面来近似，并且该平面与楔形板十分接近。由于楔形板分振幅干涉的定域面在有限距离，并且即使在定域面上，由扩展光源上不同面元产生的条纹互不重合，因此它是非理想定域面。

2) 分振幅干涉——等倾干涉和等厚干涉

分振幅干涉，通常由两种介质界面的折射和反射各产生一个相干光，然后让这两束光叠加干涉。分振幅干涉两相干光之间的相位差可表示为

$$\Delta\varphi_R = \begin{cases} \dfrac{4\pi}{\lambda_0}d\sqrt{n_2^2 - n_1^2\sin^2 i_1} & (n_1 > n_2 > n_3 \text{ 或 } n_1 < n_2 < n_3) \\ \dfrac{4\pi}{\lambda_0}d\sqrt{n_2^2 - n_1^2\sin^2 i_1} - \pi & (n_2 > n_1, n_3 \text{ 或 } n_2 < n_1, n_3) \end{cases} \quad (2-15)$$

在平行平板两束光干涉的情形：由于 d 和 n_1、n_2 均为常数，只要入射角 i_1 相等，位相差 $\Delta\varphi_R$ 就相等，对应考察点的干涉场强度也相等。因此，从扩展光源 S 上发出的凡是入射角 i_1 为同一值的全部光线在定域面上形成同一级干涉条纹。这一类干涉条纹称为等倾条纹，能产生等倾条纹的干涉装置称为等倾干涉装置。

在楔形板的分振幅干涉中，一般采用平行光照明，或者在观察装置中严格控制入射角 i_1 的变化范围，使 i_1 近似为常数。这就保证了楔形板上厚度 d 相同的点具有相同的位相差，即具有相同的干涉场强度，对应于同一级干涉条纹。满足上述条件的一类干涉条纹被称为等厚条纹。

3）分振幅干涉的应用

（1）典型等倾干涉装置——海定格干涉仪。

海定格干涉仪是最常用的等倾干涉装置，主要功能是测量光学平晶的平面度误差。通常使用放置在空气中的玻璃平板或由两块玻璃平板构成平行空气层来实现分振幅分光。采用平行空气层实现分光的海定格干涉仪结构如图 2-9（a）所示，等倾条纹如图 2-9（b）所示。

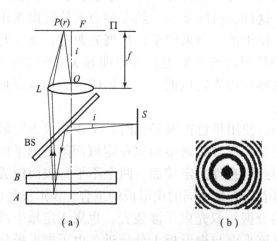

图 2-9 海定格干涉仪结构及等倾条纹

(a) 海定格干涉仪结构；(b) 等倾条纹

对于同轴观察系统，海定格条纹是一组同心圆环状干涉条纹，条纹具有内疏外密的特点。海定格条纹的中心具有最大干涉级 $m(0)$，它和平行平板的厚度 d 有关。当 d 连续变化时，$m(0)$ 连续变化，条纹系统中心点的强度也随之变化。此外，当用人眼观察海定格条纹时，如果 d 改变，条纹半径 r 也将随之变化，则可观察到圆环条纹收缩或扩大的现象。

（2）典型等厚干涉装置——牛顿干涉仪。

牛顿干涉仪是光学车间用来检验透镜曲率半径和表面质量的仪器，其光路如

图 2-10 所示。S 为准单色扩展光源，分束器 BS 的作用是为了实现接近正入射方向的照明和观察。L 为被测透镜，B 是标准平晶，二者在 P_0 点相切，在半径为 R 的被测球面和标准平面之间形成厚度随透镜口径 r 变化的空气楔，由该空气楔产生的同心圆环状等厚条纹称为牛顿环。

（3）双臂式分振幅干涉仪——迈克耳逊干涉仪。

迈克耳逊干涉仪是 19 世纪末为测量地球和"以太"之间的相对运动而设计的，现代各种双臂式干涉仪几乎都是它的发展和改型。图 2-11 为迈克耳逊干涉仪的光路图。扩展光源 S 发出的光波被分光镜 G 分成两路，构成互相垂直的两臂，其中一束光经反射镜 M_1 反射，透过分束镜 G 进入观察系统；另一束光线透过补偿板 C，经反射镜 M_2 反射后原路返回，再经 G 反射后进入观察系统，与第一束光干涉。如果画出 M_2 经 G 所成的镜像 M_2'，则上述干涉叠加可等效为由 M_1 和 M_2' 形成的空气薄膜的两束光干涉。观察透镜 L 的作用是将定域面上的干涉条纹成像投到投影屏 Π，便于观察和测量。也可由人眼直接代替上述观察系统。图 2-11 中，补偿板 C 是一块和 G 的形状、厚度、材料和方向完全相同的透明玻璃板，只是后表面不镀反射膜，其作用是补偿两束光经过 G 时产生的附加光程差，因为不同入射角（或不同波长）的光波经 G 分光时，产生的两束光程差各不相同，不能通过移动反射镜 M_1 或 M_2 来补偿，只能利用 C 来补偿。

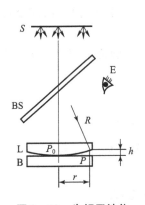

图 2-10　牛顿干涉仪

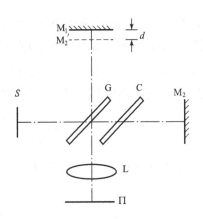

图 2-11　迈克耳逊干涉仪

通过调节 M_1 或 M_2' 的方向，可以使 M_1 或 M_2' 构成一个"虚"的空气平行平板，在准单色扩展光源照明时，得到圆环状的等倾干涉条纹，其可以精确测量介质薄膜的厚度、几何尺寸的长度、微小角度、光波波长以及光源的相干光程等。通过调节 M_1 的方向和位置，还可以使 M_1 和 M_2' 相交，构成一个小角度的空气楔，并观察到空气楔产生的等厚干涉条纹，其也可用于长度的精确测量。

5. 分振幅多光束干涉

多束相干光波在空间某区域相遇时，也会发生合强度不等于各个分量强度之和的现象，这就是多光束干涉。产生多光束干涉的物理基础与双光束干涉相同，即都是基于光波的叠加原理和强度与振幅之间的非线性关系。然而，多光束干涉的强度分布有自己的特点，使多光束干涉在干涉测量、激光谐振腔技术、薄膜光学和导波光学中得到了广泛应用。

1) 平行平板的多光束干涉

透明平行平板是一种最常用的产生多光束干涉的分光装置。接下来，以平行平板为例，讨论透射光多光束干涉的强度分布。

如图 2-12 所示，i 为照明光束入射角，n 为两平行平板中间介质的折射率。设空气折射率 $n_1 = 1$，则相邻透射光束的光程差为

$$\Delta_T = 2d\sqrt{n^2 - \sin^2 i} \quad (2-16)$$

对应的位相差为

$$\Delta\varphi = \frac{4\pi}{\lambda_0} d\sqrt{n^2 - \sin^2 i} \quad (2-17)$$

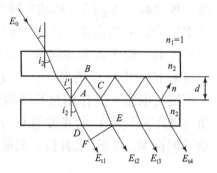

图 2-12 平行平板的光程差

上式表明，当入射角 i 确定时，在平行平板多光束干涉装置中，相邻相干光束的光程差和位相差为常数。各相干光束传播方向平行，因此干涉定域面在无穷远，必须在透镜后焦面上观察。在干涉定域面上，干涉场的强度为

$$I_T = \frac{I_0(1-\rho)^2}{(1-\rho)^2 + 4\rho\sin^2(\Delta\varphi/2)} \quad (2-18)$$

在不考虑各种光能损失的前提下，利用反射光多光束干涉场强度 I_R 和 I_T 的互补关系，可求得

$$I_R = I_0 - I_T = -\frac{4\rho\sin^2(\Delta\varphi/2)I_0}{(1-\rho)^2 + 4\rho\sin^2(\Delta\varphi/2)} \quad (2-19)$$

I_T 和 I_R 随 $\Delta\varphi$ 变化，I_T 的分布为一组暗背景上的细亮纹，并且，随着 ρ 值增大，亮纹变得越来越锐；与此相反，I_R 的分布是亮背景上一组细暗纹。

2) 法布里—珀罗干涉仪及条纹分布规律

图 2-13 所示为法布里—珀罗干涉仪（简称法—珀干涉仪）的光路图。它的核心部分 F-P 是两块略带楔角、内表面平行并镀有高反射膜的玻璃或石英平板，由它们构成一个具有高反射率表面的空气或介质平行平板。在有些应用中，使用固定隔圈把两板间的距离固定，则称为法—珀标准具。F-P 由准单色扩展光源 S

和准直透镜 L_1 照明。透镜 L_2 将无穷远定域面上的干涉条纹成像到它的后焦面 Π 上,这样,观察到的干涉条纹是一系列明暗相间同心圆环组成的多光束等倾干涉条纹。

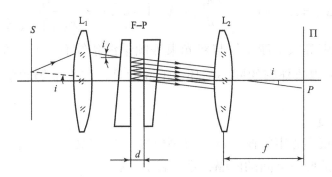

图 2-13 法—珀干涉仪的光路图

法—珀干涉仪多光束等倾干涉条纹的分布规律:

(1) 亮纹、暗纹的出现条件和强度。

强度极大值(即亮纹)出现在使 $\sin^2(\Delta\varphi/2)=0$ 的位置。亮纹条件为 $\Delta\varphi_M = 2m\pi(m=0,1,2,3,\cdots)$,其中整数 m 称为干涉级。亮纹强度为 $I_{TM}=I_0$。即当入射角 i 满足亮纹条件时,光能量可全部透过干涉仪。

强度极小值(即暗纹)出现在使 $\sin^2(\Delta\varphi/2)=1$ 的位置,所以暗纹条件为 $\Delta\varphi_m=(2m+1)\pi$,暗纹强度为 $I_{Tm}=\dfrac{(1-\rho)^2}{(1+\rho)^2}I_0$。这表明,当反射率 ρ 趋近于 1 时,I_{Tm} 趋近于 0,条纹反衬度趋近于 1。

(2) 亮纹位置和间距。

由于法—珀干涉仪的多光束等倾干涉条纹是一系列同心圆环条纹,用角半径表示亮纹位置,用角间距表示亮纹的间距。$i=0$ 对应的视场中心处的干涉级 $m(0)$ 为最大干涉级 $m(0)=\dfrac{2nd}{\lambda_0}$;当入射角 i 较小时,任意角 i 处的干涉级 $m(i)$ 为

$$m(i)=\frac{\Delta\varphi}{2\pi}=\frac{2dn}{\lambda_0}\sqrt{1-\sin^2 i/n^2}\approx m(0)\left(1-\frac{i^2}{2n^2}\right) \quad (2-20)$$

第 m 级亮纹的角半径可表示为

$$i=\sqrt{\frac{n\lambda_0}{d}}\sqrt{m(0)-m(i)}=\sqrt{\frac{n\lambda_0}{d}}\sqrt{P(i)} \quad (2-21)$$

式中,$P(i)=m(0)-m(i)$ 表示第 $m(i)$ 级亮纹的序号。如果 $m(0)$ 是整数,则第 $m(i)$ 级亮纹的序号也是整数,若用整数 N 来表示,则从中心向外计数的第 N 条和第 $(N+1)$ 条亮纹的角半径和角间距分别为

$$i_N = \sqrt{\frac{n\lambda_0}{d}}\sqrt{N}, \quad i_{N+1} = \sqrt{\frac{n\lambda_0}{d}}\sqrt{N+1} \tag{2-22}$$

$$\Delta i_N = i_{N+1} - i_N = \sqrt{\frac{n\lambda_0}{d}}(\sqrt{N+1} - \sqrt{N}) = \frac{i_1}{\sqrt{N+1}+\sqrt{N}} \tag{2-23}$$

上式表明，多光束等倾干涉条纹与双光束等倾干涉条纹有一点类似，即都是角半径 i_N 正比于 $\sqrt{N}$ 的内疏外密的同心圆环；不同的是，多光束等倾条纹的亮纹更亮、更锐。

(3) 亮纹宽度。

法—珀干涉仪多光束等倾干涉条纹亮纹宽度的定义：亮纹中心两侧强度降低为最大强度一半的两点之间的间隔，用 b 表示，有

$$b = \frac{2(1-\rho)}{\sqrt{\rho}} \tag{2-24}$$

可见，ρ 越接近于 1，b 越小，亮纹就越细。

描述亮纹宽窄，还可以采用"细度"的概念。细度 F 的定义：亮纹相对宽度的倒数，即

$$F = \frac{2\pi}{b} = \frac{\pi\sqrt{\rho}}{1-\rho} \tag{2-25}$$

可见，ρ 越大，F 越大，亮纹就越窄。

3) 法—珀干涉仪的应用

(1) 研究光源的光谱精细结构。

当光源含有各种不同波长时，不同波长 λ_0 的同一级亮纹角半径 i 不同，各自形成一组同心圆环条纹。由于在法—珀干涉仪的多光束干涉中，亮纹又亮又锐，且不同波长 λ_0 的条纹颜色各异，只要两种条纹的同一级亮纹错开一个亮纹宽度 b 的距离，就可以轻松地分辨两组亮纹的位置，因此应用法—珀干涉仪可以研究光源的光谱组成。表征法—珀干涉仪性能的主要参数有色散、分辨本领和色散范围。

① 色散：角色散 $D_A = \dfrac{m^2\lambda_1}{2d^2\sin(2i)}$；线色散 $D_L = D_A f = \dfrac{m^2\lambda_1 f}{2d^2\sin(2i)}$。

② 分辨本领：$RP = \dfrac{\lambda_1}{\delta\lambda} = \dfrac{2m\pi}{b} = mF$。

③ 色散范围：$G = \Delta\lambda = \lambda_1/m = F\delta\lambda$。

(2) 干涉滤光片。

利用法—珀干涉仪的多光束干涉原理可以制作窄带干涉滤光片（滤色镜），其作用是让光源中某一窄带光谱范围的光波以尽可能高的透射率通过，而使其他光谱范围的光波衰减，以获得单色性良好的准单色光。

干涉滤光片按其结构可分为两类：一类为全介质膜干涉滤光片，如图 2-14（a）所示；另一类是金属反射膜干涉滤光片，其结构如图 2-14（b）所示。这两种结构的原理相同，都可看作光学厚度很小的法—珀标准具。

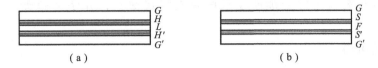

图 2-14 干涉滤光片

（a）全介质膜干涉滤光片；（b）金属反射膜干涉滤光片

表征干涉滤光片光学性能的参数主要有透射中心波长 λ_N、透射光谱半宽度 $\delta\lambda_N$ 和峰值透射率 T_M。

①透射中心波长 λ_N。其由多光束干涉场强度极大值条件 $\Delta\varphi_M = \dfrac{4\pi d}{\lambda}\sqrt{n^2 - \sin^2 i} = 2N\pi$ 确定。当入射角 $i=0$ 时，透射波长可表示为 $\lambda_N = \dfrac{2dn}{N}$。

②透射光谱半宽度 $\delta\lambda_N$。其用透射率下降到峰值的一半时对应的两波长差表示。以 λ_N 为中心的透射光谱半宽度 $\delta\lambda_N = \dfrac{\lambda_N^2}{2\pi dn}\left(\dfrac{1-\rho}{\sqrt{\rho}}\right)$。

③峰值透射率 T_M。T_M 的定义是中心波长透过的最大光强度 I_{TM} 与入射光强度 I_0 的比值，即 $T_M = I_{TM}/I_0$。干涉滤光片峰值透射率的理论值 $T_M = 1$。实际上，由于各层介质的吸收和散射损失，T_M 远小于 1。

（3）激光谐振腔。

谐振腔是激光器的基本组成部分之一，通常是由位于激光工作物质两端的一对具有高反射率的反射镜组成。受激辐射在谐振腔内的来回反射，形成多光束干涉，只有频率 $\nu_N = \dfrac{cN}{2dn}$ 的受激辐射，才有可能不断加强，形成激光输出。

习 题 解 答

2.1 试利用复数表示法求下述两个波的合成波函数，并说明该合成波的主要特点。

$$E_1 = 5\cos\left(-kz - \omega t + \dfrac{\pi}{2}\right)$$

$$E_2 = -5\cos(kz - \omega t)$$

【解题思路及提示】 本题考查的是波的叠加原理，难度较小。本题所用到的知识点是标量光波的叠加，与第1章光波的数学描述之间具有承上启下的作用，既复习应用了第1章的波函数相关知识，又巩固了波的叠加原理，为深入研究光波的干涉打基础。解题的关键是利用第1章波函数的相关知识写出波函数的复指数表示形式，再利用波的叠加原理求解合成波波函数，并学会根据波函数来分析波的特点。

解： 由题可得

$$E_1 = 5\cos\left(-kz-\omega t+\frac{\pi}{2}\right) = 5\exp\left[j\left(-kz-\omega t+\frac{\pi}{2}\right)\right]$$

$$= 5\exp\left[j\left(-kz-\frac{\pi}{4}\right)\right]\exp\left(j\frac{3\pi}{4}-j\omega t\right)$$

$$E_2 = -5\cos(kz-\omega t) = 5\exp[j(kz-\omega t+\pi)] = 5\exp\left[j\left(kz+\frac{\pi}{4}\right)\right]\exp\left(j\frac{3\pi}{4}-j\omega t\right)$$

根据波的叠加原理，合成的波函数为

$$E = E_1 + E_2 = 5\exp\left[j\left(-kz-\frac{\pi}{4}\right)\right]\exp\left(j\frac{3\pi}{4}-j\omega t\right) + 5\exp\left[j\left(kz+\frac{\pi}{4}\right)\right]\exp\left(j\frac{3\pi}{4}-j\omega t\right)$$

$$= 10\cos\left(kz+\frac{\pi}{4}\right)\exp\left[-j\left(\omega t-\frac{3\pi}{4}\right)\right]$$

由合成波的波函数可以看出，合成波的位相因子与空间位置坐标 z 无关，不会在 z 方向传播，合成波是一个驻波。合成波上各点都按圆频率 ω 做简谐振动，但合成波的振幅不是常数，而是与位置坐标 z 有关。在满足 $kz+\frac{\pi}{2}=m\pi$ 的考察点，振幅为最大值10，称为波腹；在满足 $kz+\frac{\pi}{4}=\left(m+\frac{1}{2}\right)\pi$ 的考察点，振幅始终为零，称为波节（m 为整数）。

2.2 在图2-15所示的维纳试验装置中，M是镀银平面反射镜，G是感光胶片，G和M之间构成约几分的夹角。E_i 和 E_r 分别是正入射和反射的简谐平面波。由 E_i 和 E_r 叠加的驻波场对底片曝光，在底片G上形成一组平行等距的干涉条纹。

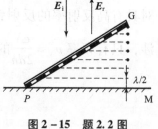

图2-15 题2.2图

(1) 试分析驻波场中电场驻波和磁场驻波的波腹和波节位置。维纳实验结果显示，底片G和平面镜M的交线P处为一条亮纹（未感光），这一现象说明什么问题？

(2) 设底片G和平面镜M的夹角为1′，照明光波长 $\lambda = 500$ nm，试求底片上干涉条纹的空间频率。

【解题思路及提示】 本题考查的是光波波函数和光波叠加原理，以及光波合成驻波的特性,难度中等。驻波具有稳定的周期性强度分布,这一强度分布不仅和空间位置 z 有关,而且和两分量波的波长和初位相差有关。著名的维纳实验是成功应用驻波特性的典型事例。解题的关键是利用第 1 章波函数和折反射的相关知识,写出波函数的复指数表示形式,再利用波的叠加原理求解,并分析合成波的复振幅。

解:(1) 根据菲涅尔公式可知,电场矢量存在 π 位相跃变;根据电场、波矢和磁场的关系可知,磁场并没有跃变。因此,P 处是磁场的波腹位置(或电场的波节位置),说明光化学作用是由电场 E 产生。

(2) 干涉后的波函数的复振幅为

$$E = E_1 + E_2 = \{\exp[j(-kz-\omega t)] - \exp[j(kz-\omega t)]\}$$
$$= 2\sin(kz)\exp\left[-j\left(\omega t + \frac{\pi}{2}\right)\right]$$

所以,底片上的空间频率为

$$f = \frac{2\sin\theta}{\lambda} = 1.16/\text{mm}$$

式中,θ 表示底片与平面反射镜的夹角。

2.3 如图 2-16 所示,凸透镜前焦面上有三个相干点光源,位置坐标分别为 $A(3,0)$,$B(0,0)$,$C(-3,0)$,凸透镜的焦距 $f = 3\sqrt{3}$(单位:cm),光波长 $\lambda = 500$ nm。

(1) 写出 A、B、C 发出的光波经透镜折射后,传播到透镜后焦面 Π' 上的复振幅分布。(注:不考虑三个光波振幅的绝对值,为此,可假设三个光波的振幅都为 E_0,并设三个光波在 Π' 平面原点处的初位相为 0。)

(2) 计算 Π' 平面上光场的复振幅和光强度分布。

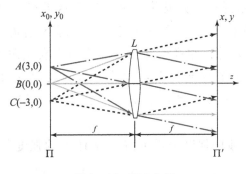

图 2-16 题 2.3 图

【解题思路及提示】 本题是在考查光波矢量叠加的基础上,把双光束光波干涉扩展到多束光波干涉,难度稍大。本题所用到的知识点是平面光波的叠加和干涉问题。解题的关键是光波的叠加原理,先利用第 1 章波函数的相关知识写出各个波在考察平面上的复振幅分布,再利用波的叠加原理求解合成波的复振幅分布,进而讨论其干涉场强度分布。

解:(1) 由图 2-16 可得,A、B、C 发出的光波经透镜折射后,传播到透镜后焦面 Π' 上的复振幅分布分别为

$$E_A(x,y) = E_0 \exp[jk\sin(-30°)x] = E_0 \exp\left(-j\frac{k}{2}x\right)$$

$$E_B(x,y) = E_0$$

$$E_C(x,y) = E_0 \exp\left(j\frac{k}{2}x\right)$$

(2) Π' 平面上的复振幅为

$$E(x,y) = E_A(x,y) + E_B(x,y) + E_C(x,y)$$

$$= E_0\left[1 + 2\cos\left(\frac{k}{2}x\right)\right]$$

强度分布为

$$I(x,y) = |E(x,y)|^2 = E_0^2\left[1 + 2\cos\left(\frac{k}{2}x\right)\right]^2$$

2.4 在图 2-19(教材)所示的杨氏干涉装置中,设光源 S 是一个轴外点光源,位于 $\xi = 0.2$ mm 处,光源波长 $\lambda = 550$ nm,已知双缝间距 $l = 1$ mm,光源至双缝所在平面距离 $a = 100$ mm,双缝所在平面至观察屏 Π 距离 $d = 1$ m。试求:

(1) 屏 Π 上的强度分布。
(2) 零级条纹的位置。
(3) 条纹间距和反衬度。

【解题思路及提示】 本题考查的是杨氏干涉基本理论和干涉场分布特性,难度较小。提示:$\Delta\varphi$ 表示两相干光波从光源出发到达考察点 $P(r)$ 时的位相差,干涉场强度分布完全由位相差分布唯一确定。当光源 S 偏离干涉装置的对称平面,即沿 ξ 轴平移一段距离 ξ 时,相当于发生干涉的两个点光源 S_1 和 S_2 之间引入了一个附加的初位相差,引起整组杨氏条纹向光源 S 移动的相反方向平移。考察平面上 $\Delta\varphi$ 分布会发生变化,只要找到这个变化,干涉场的强度分布和强度分布特点就可以求解。

解:(1) 由杨氏干涉场强度公式可得,屏 Π 上的强度分布

$$I(x) = 4I_0 \cos^2\left[\pi\frac{nl}{\lambda_0}\left(\frac{x}{d} + \frac{\xi}{a}\right)\right]$$

$$= 4I_0 \cos^2\left[\frac{\pi}{0.55}(x+2)\right]$$

(2) 由屏 Ⅱ 上的强度分布为

$$I(x) = 4I_0 \cos^2\left[\frac{\pi}{0.55}(x+2)\right]$$

零级条纹的位置满足

$$\frac{\pi}{0.55}(x+2) = 0$$

解得零级条纹的位置

$$x_0 = -2 \text{ mm}$$

(3) 由屏 Ⅱ 上的强度分布 $I(x) = 4I_0 \cos^2\left[\frac{\pi}{0.55}(x+2)\right]$，可得条纹间距为

$$e = \frac{\lambda_0 d}{nl} = 0.55 \text{ mm}$$

反衬度为

$$V = \frac{I_M - I_m}{I_M + I_m} = 1$$

2.5 在图 2-21（教材）所示的采用单色带状光源的杨氏实验中，设光源宽度 $b = 1$ mm，光波长 $\lambda = 500$ nm，$a = 100$ mm，欲使观察面 Ⅱ 上杨氏条纹的反衬度 $V \geq 0.65$，求相干区范围 l 和相干角度 ω_s 的最大值。

【解题思路及提示】 本题考查的是杨氏干涉干涉场强度分布受实际光源影响情况，辅助理解光源空间相干性，难度较大。提示：从光源空间分布对干涉条纹反衬度的影响知识出发，反过来分析干涉条纹观察反衬度条件对光源和干涉装置的要求。

解：采用单色带状光源的杨氏实验中，欲使条纹反衬度为

$$V = \text{sinc}\left(\frac{bl}{\lambda a}\right) = \text{sinc}\left(\frac{b\omega_s}{\lambda}\right) = 0.65$$

即

$$\frac{bl}{\lambda a} = \frac{b\omega_s}{\lambda} = 0.5$$

解得，相干范围的最大值为

$$l = \frac{0.5 \times \lambda a}{b} = \frac{0.5 \times 500 \times 10^{-9} \times 100 \times 10^{-3}}{1 \times 10^{-3}} = 2.5 \times 10^{-5} \text{ m}$$

相干角度的最大值为

$$\omega_s = \frac{l}{a} = \frac{2.5 \times 10^{-5}}{100 \times 10^{-3}} = 2.5 \times 10^{-4} \text{ rad/s}$$

注意：在物理光学中，$\text{sinc}x = \dfrac{\sin(\pi x)}{\pi x}$。

2.6 已知 He – Ne 激光器的波长 $\lambda = 633$ nm，谱线宽度约为 0.000 06 nm。若用它作为光源，求可观察干涉条纹的最高干涉级和相干光程。

【解题思路及提示】 本题考查的是光源时间相干性对干涉的影响，难度较小。解题的关键是利用光源时间特性对干涉条纹反衬度的影响，分析已知光源谱线分布对于干涉条纹观察的限制。

解：由题可得，激光器的波长 $\bar{\lambda} = 633$ nm，谱线宽度 $\Delta\lambda = 0.000\ 06$ nm，则干涉条纹最高干涉级为

$$m_0 = \left|\dfrac{\bar{\lambda}}{\Delta\lambda}\right| = 1.055 \times 10^7$$

相干光程为

$$\Delta_0 = m_0 \lambda \approx 6.68 \text{ m}$$

2.7 假设图 2 – 17 所示的菲涅尔双棱镜的折射率 $n = 1.5$，顶角 $\alpha = 0.5°$，光源 S 和观察屏 Π 至双棱镜的距离分别是 $a = 100$ mm 和 $d = 1$ m。若测得屏 Π 上干涉条纹间距为 0.8 mm，试求所用光源波长的大小。

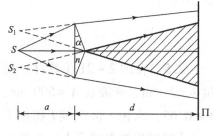

图 2 – 17 题 2.7 图

【解题思路及提示】 本题考查的是其他分波面干涉装置的干涉分析，难度中等。菲涅尔双棱镜是分波面干涉的另一种分光装置。光源 S 发出的光波，分别经棱镜上、下两部分作用而发生偏折，在棱镜后面的空间相遇，发生干涉。出射的光波仍然是两球面波的干涉，可以看作杨氏装置的变形，等效于光源 S 的两个虚光源像发射的光波的干涉，求解方法与杨氏干涉类似。

解：楔角为 α 的棱镜产生的光线偏折角为

$$\beta = (n-1)\alpha$$

因此，在菲涅尔双棱镜用于干涉实验时，光源 S_1 和 S_2 的距离为

$$l = 2a(n-1)\alpha$$

干涉条纹间距为

$$e = \dfrac{\lambda_0 d_0}{nl}$$

从而，得光源波长大小为

$$\lambda_0 = \dfrac{enl}{d_0} = \dfrac{en2a(n-1)\alpha}{d+a} = 634.6 \text{ nm}$$

2.8 在上题的菲涅尔双棱镜干涉装置中（见图 2 – 17），如改用单色平面波正

入射照明，光波长 $\lambda = 600$ nm，其他条件不变，并假设双棱镜的口径不受限制。

（1）求出 Π 屏上的强度分布以及条纹的空间频率。

（2）计算 Π 屏上干涉条纹的数目条纹间距和反衬度。

【解题思路及提示】 本题考查的是其他分波面干涉装置的干涉分析，需要对干涉场强度分布求解有较深的理解，难度较大。本题的解题思路与上题类似，只是这里的入射光波是平面波。入射平面波经菲涅尔双棱镜后，被分成两束光波，分别向不同方向发生偏折，但棱镜不改变其波面形状，出射的光波仍然是平面波。两束平面波在棱镜后面的空间相遇发生干涉。

解：（1）楔角为 α 的棱镜产生的光线偏折角为

$$\beta = (n-1)\alpha$$

改用单色平面波正入射照明，此时观察屏上的强度分布为

$$\begin{aligned} I(x) &= 2E_0^2[1 + \cos(\Delta\varphi)] \\ &= 2E_0^2\{1 + \cos[(k_1 - k_2)r]\} \\ &= 2E_0^2\left[1 + \cos\left(2\pi\frac{2\sin\beta}{\lambda}x\right)\right] \\ &= 2E_0^2\left[1 + \cos\left(4\pi\frac{\sin\beta}{\lambda}x\right)\right] \end{aligned}$$

条纹的空间频率为

$$f_x = \frac{2\sin\beta}{\lambda} = 14.54 \text{ mm}$$

（2）在观察屏上干涉条纹的数目

$$N = \Delta x f_x = 2d_0 \tan\beta \frac{2\sin\beta}{\lambda} \approx 126$$

条纹间距为

$$e = \frac{1}{f} = 6.876 \times 10^{-2} \text{ mm}$$

条纹反衬度为

$$V = \frac{I_M - I_m}{I_M + I_m}$$

由于 $I_m = 0$，所以条纹反衬度 $V = 1$。

2.9 瑞利干涉仪可用来测量介质折射率的大小，其光路如图 2-18 所示，T_1 和 T_2 是两个完全相同的玻璃管，对称放置在双缝 S_1 和 S_2 后的光路中。通过玻璃管的两束光被透镜 L_2 会聚在屏 Π 上，产生干涉条纹。测量时，先在 T_1、T_2 管内充以相同气压的空气并开始观察干涉条纹；然后把 T_1 管逐渐抽成真空，与此同时，计数到条纹向下移动了 49 条。其后，向 T_1 管内充以相同气压的 CO_2 气体，观察到

条纹回到原位后向上移动 27 条。已知管长为 100 mm，光源波长为 589 nm，试求空气和 CO_2 气体的折射率大小。

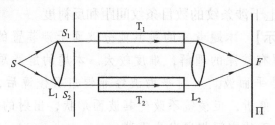

图 2-18　题 2.9 图

【解题思路及提示】　本题考查的是其他分波面干涉装置的干涉分析、瑞利干涉仪的原理和光程差含义，难度中等。解题的关键在于找到两束相干光之间的光程差表达式，写出干涉场强度变化与光程变化之间的关系，从而根据观察到的干涉条纹变化来计算光程变化，即折射率的变化。

解：在瑞利干涉仪用于测量介质折射率的大小的实验中，空气和真空的光程差为

$$\Delta = (n_{air} - 1) l = m\lambda$$

所以，空气的折射率为

$$n_{air} = \frac{m_1 \lambda}{l} + 1 = 1.000\ 289$$

同理，CO_2 气体的折射率为

$$n_{CO_2} = \frac{m_2 \lambda}{l} + n_{air} = 1.000\ 448$$

2.10　在介质平板海定格装置中，设平板玻璃折射率 $n = 1.5$，板厚 $d = 2$ mm，宽光源 S 的波长 $\lambda = 600$ nm，透镜焦距 $f = 300$ mm，试求：

（1）干涉条纹中心的干涉级，并判断是亮纹还是暗纹。

（2）从中心向外第 8 个暗环的半径，以及第 8 个和第 9 个暗环之间的条纹间距。

（3）条纹的反衬度。

【解题思路及提示】　本题考查的是典型分振幅干涉装置的干涉分析，需要对干涉仪的光路和光程差含义有深入理解，难度较大。海定格装置是观察分振幅等倾干涉的常见装置。解题的关键是求解在定域面上相干光波的位相差，找到干涉场强度分布与入射角之间的关系，并注意理清条纹序号和干涉级之间的关系。

解：（1）在介质平板海定格装置中，干涉条纹中心的干涉级为

$$m(0) = \frac{2nd}{\lambda_0} - \frac{1}{2} = 10^4 - \frac{1}{2}$$

由于中心的干涉级不是整数，所以中心是暗纹。

（2）利用介质平板海定格装置半径计算公式

$$r_p = \sqrt{\frac{n\lambda_0}{d}} f\sqrt{p}, \quad e_N = r_{N+1} - r_N = \frac{r_1}{\sqrt{N+1} + \sqrt{N}}$$

可得中心向外第 1 个、第 8 个暗环的半径，以及第 8 个和第 9 个暗环之间的条纹间距分别为

$$r_1 = 6.4 \text{ mm}, \quad r_8 = 18 \text{ mm}, \quad e_8 = 1.1 \text{ mm}$$

（3）干涉条纹反衬度 $V = \dfrac{I_M - I_m}{I_M + I_m}$，反衬度大小与两光束相干光波之间的振动夹角和光束强度比有关，$V = \dfrac{2\sqrt{\varepsilon}}{1+\varepsilon}|\cos\psi|$（不考虑干涉光束振动方向夹角，即 $\varphi = 0$），其中，$\varepsilon = \dfrac{I_2}{I_1}$。在本题中，干涉的两束光波来自平行平板的上下表面反射，视场较小，反射率可使用正入射情形近似估算。由 $r_0 = \dfrac{n_1 - n_2}{n_1 + n_2}$，$t_0 = \dfrac{2n_1}{n_1 + n_2}$，有 $R = |r_0|^2$，$T = \dfrac{n_2}{n_1}|t_0|^2$。设入射光强度为 I_0，则 $I_1 = R_1 I_0$，$I_2 = T_1 R_2 T_2 I_0$，可求得 $\varepsilon = \dfrac{T_1 R_2 T_2}{R_1} = 0.9216$。不考虑两光波振动方向的差异，因此 $V = 0.999$。

2.11 如图 2-19 所示的干涉膨胀计，在标准平晶 P_1 和 P_2 之间有一石英环 G，待测元件 E 的顶端有一微小楔角，因而在 E 和 P_1 之间形成一组等厚条纹。当温度变化时，由于 G 和 E 的线膨胀系数不同，将引起条纹移动，根据 G 的线膨胀系数 α_g 和条纹移动量，即可算出被测元件的线膨胀系数 α_e。

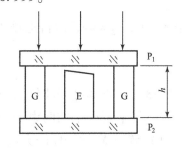

图 2-19 题 2.11 图

（1）当温度升高时，条纹向右移动，判断 α_g 和 α_e 哪个更大。

（2）已知石英环 G 的高度 $h = 50$ mm，$\alpha_g = 3.5 \times 10^{-7}$/K，光波长 $\lambda = 546$ nm，当温度升高 $\Delta T = 100$ K 时，条纹向右移动了 50 条，求被测元件的线膨胀系数 α_e。

【解题思路及提示】 本题考查的是典型等厚分振幅干涉装置的干涉分析，需要对干涉仪的光路和光程差含义有深入理解，难度中等。干涉膨胀计是分振幅等厚干涉的常见装置。提示：待测元件与标准平晶之间形成空气楔形，产生等厚干涉，利用楔形平板等厚干涉性质求解。

解：（1）温度升高时，条纹向右移动，说明 E 的膨胀大于 G，因此 $\alpha_e > \alpha_g$。

(2) 由题可知，被测元件和石英环膨胀的距离差 Δd 为条纹数移动数与半波长的乘积，即

$$\Delta d = 50 \times \frac{\lambda}{2} = \Delta Th(\alpha_e - \alpha_g)$$

代入数据，得到被测元件的线膨胀系数为

$$\alpha_e = 3.08 \times 10^{-6}/\text{K}$$

2.12 在用平凸透镜和平晶产生牛顿环的装置中，若已知透镜材料的折射率 $n=1.5$，照明光波波长 $\lambda = 589$ nm，测得牛顿第 5 个暗环半径为 1.2 mm，求透镜焦距。

【解题思路及提示】 本题考查的是典型等厚分振幅干涉装置的干涉分析，需要对干涉仪的光路和光程差含义有深入理解，并结合应用光学知识，难度中等。解题的关键是求解干涉条纹和介质层厚度的关系。

解：在牛顿环装置中，透镜的凸面的半径为

$$R = \frac{r_K^2}{K\lambda_0}$$

式中，第 5 个暗环对应的 $K=5$，$r_K = 1.2$ mm，得透镜凸面的半径为 $R = 488$ mm。

由应用光学薄透镜焦距公式，可得

$$\frac{1}{f'} = (n-1)\left(\frac{1}{r_1} - \frac{1}{r_2}\right)$$

式中 $r_1 = R$，$r_2 = \infty$，解得透镜焦距为

$$f' = \frac{1}{n-1} r_1 = 2R = 976 \text{ mm}$$

2.13 迈克耳逊干涉仪的两束光干涉可等效于由反射镜 M_1 和 M_2 的镜像 M_2' 构成的虚空气平板产生的两束光干涉。

(1) 调节 M_1 和 M_2 的方向，使 M_1 和 M_2' 构成一个虚空气平行平板，在单色扩展光源照明时，可观察到圆环状等倾条纹。若平移 M_1 时，发现圆环条纹收缩并变疏，试判断 M_1 的移动方向（远离还是靠近 M_2'）。

(2) 调节 M_1，使 M_1 和 M_2' 相交，构成一个虚空气楔形板，可观察到等厚直线条纹。继续调节 M_1 时，发现条纹变密，且条纹数增多，试判断虚空气楔形板的楔角是增大还是减小。

【解题思路及提示】 本题考查的是典型双臂式干涉装置的干涉分析，需要对干涉仪的光路和光程差含义有深入理解，难度较大。迈克耳逊干涉仪是双臂式分振幅干涉装置的基础。本题是利用迈克耳逊干涉仪来观察等倾等厚分振幅干涉的应用。解题的关键是弄清楚分振幅干涉中等倾和等厚两种分光装置的差异，理解两种装置中干涉场强度，位相差分布与干涉装置的关系。

解：在迈克耳逊干涉仪中，通过计数干涉级 m 的变化 Δm，可以精确测量 M_1 的移动量 Δd，即

$$\Delta d = \frac{\lambda}{2}\Delta m$$

（1）圆环条纹收缩并变疏，此时 $\Delta m < 0$，$\Delta d < 0$，观察点上的平板间距减小，M_1 靠近 M_2'。

（2）条纹变密，且条纹数增多，此时 $\Delta m > 0$，$\Delta d > 0$，观察点上的平板间距离增大，虚空气楔形板的楔角增大。

2.14 在做迈克耳逊干涉仪实验时，若用钠灯作为光源，则在移动 M_1 镜过程中会看到条纹由清晰到模糊再到清晰的周期性变化。已知钠灯 D 线两波长为 589 nm 和 589.6 nm，试问在条纹相继两次消失之间，M_1 镜移动了多少？

【**解题思路及提示**】 本题考查的是典型分振幅干涉装置的时间相干性分析，需要对干涉仪的光路和光程差含义有深入理解，难度较大。分振幅干涉可以通过定域面观察来避免光源空间扩展对干涉条纹反衬度的影响，但时间扩展仍然会使条纹反衬度降低。本题是利用迈克耳逊干涉仪的时间相干性来测量光源相干光程的练习，既可以通过迈克耳逊干涉图形分布干涉级变化来求解，也可以利用光源时间相干性求解。

解：当 λ_1 亮条纹覆盖在 λ_2 亮条纹上时，条纹可见度最高；当 λ_1 亮条纹与 λ_2 暗条纹重合时，条纹可见度最低，此时，光程差既等于 λ_1 波长的整数倍，又等于 λ_2 半波长的奇数倍。设最初的距离为 D，则干涉级 m 的变化 Δm 为

$$\Delta m = \Delta m_1 - \Delta m_2 = \frac{2D}{\lambda_1} - \frac{2D}{\lambda_2} = \frac{2D\Delta\lambda}{\lambda_1\lambda_2}$$

设移动距离 d 后，出现下一个最清晰的条纹，则

$$\Delta m + 1 = \frac{2(D+d)}{\lambda_1\lambda_2}\Delta\lambda$$

所以，在条纹相继两次消失之间，M_1 镜移动的距离为

$$d = \frac{\lambda_1\lambda_2}{2\Delta\lambda} = 289 \ \mu m$$

2.15 设法—珀干涉仪两反射镜的距离 $d = 2$ mm，准单色宽光源波长 $\lambda = 500$ nm，透镜焦距 $f = 320$ mm。试求从中心向外第 6 条亮纹的角半径、半径和条纹间距。

【**解题思路及提示**】 本题考查的是典型多光束分振幅干涉装置的干涉分析，需要对干涉仪的光路和光程差含义有深入理解，难度中等。解题的关键是要解出在定域面上相干光波的位相差，找到干涉场强度分布与入射角之间的关系，并注意厘清条纹序号和干涉级之间的关系。

解：法—珀干涉仪是多光束等倾干涉，视场中心具有最大干涉级。

条纹的中心干涉级为

$$m(0) = \frac{2d}{\lambda} = 8\ 000$$

第 $m(i)$ 级亮纹的角半径为

$$i = \sqrt{\frac{\lambda}{d}}\sqrt{m(0) - m(i)} = \sqrt{\frac{\lambda}{d}}\sqrt{N}$$

式中，N 为条纹序号。条纹序号为 6 的亮纹的角半径为

$$i_6 = \sqrt{\frac{6\lambda}{d}} = 0.038\ 7\ \text{rad}$$

半径为

$$\rho_6 = i_6 f = 12.38\ \text{mm}$$

同样可得

$$i_7 = \sqrt{\frac{7\lambda}{d}} = 0.041\ 8\ \text{rad},\quad \rho_7 = i_7 f = 13.39\ \text{mm}$$

因此，条纹间距为

$$e_6 = \rho_7 - \rho_6 = 1.01\ \text{mm}$$

2.16 如图 2-20 所示，F-P 标准具的间距 $h = 1$ cm，标准具放置在两个焦距同为 $f = 15$ cm 的透镜 L_1 和 L_2 之间，光源是波长 $\lambda = 0.49\ \mu\text{m}$ 的单色扩展光源，光源直径 $d = 1$ cm，位于 L_1 的前焦面，观察屏位于 L_2 的后焦面。

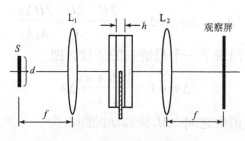

图 2-20　题 2.16 图

(1) 求观察屏中心的干涉级。

(2) 若在标准具中插入不透明屏，挡住标准具的一半，观察屏上条纹发生怎样的变化？

【解题思路及提示】　本题考查的是典型分振幅多光束干涉装置的干涉分析，需要对多光束干涉的干涉场强度分布有深入理解，难度较大。解题的关键是看懂多光束干涉的光路，理解干涉场分布的决定因素。

解：(1) 在法—珀干涉仪中，观察屏中心的干涉级为

$$m = \frac{2nh}{\lambda} \approx 40\,816.3$$

(2) 在下半部分插入不透明屏，等价于多光束干涉的和振幅减弱，干涉场强度降低；在观察屏上条纹分布不变，强度降低。

2.17 对于法—珀干涉仪，若要分辨两条光谱线 λ_1 和 λ_2（$\lambda_2 - \lambda_1 \ll \lambda_1, \lambda_2$），要求这两条谱线的角距离 δi 不小于谱线的角宽度 $\delta' i$。试根据这一判据求出法—珀干涉仪的分辨本领表达式。

【解题思路及提示】 本题考查多光束干涉装置典型应用的理论推导，难度中等。利用法—珀干涉仪来研究光源的光谱精细结构，从而理解多光束干涉图形的本质是相邻光束位相差的相对分布，光谱仪器的性能参数与多光束干涉干涉场强度分布息息相关。

解：对于法—珀干涉仪，当入射角 i 较小时，任意 i 角处的干涉级 $m(i)$ 为

$$m(i) = \frac{\Delta\phi}{2\pi} = \frac{2d}{\lambda}\sqrt{n^2 - \sin^2 i}$$

对第 m 级亮纹，有

$$n^2 - \sin^2 i = \frac{m^2\lambda^2}{4d^2}$$

对 i 和 λ 求导，得

$$-2\sin i \cos i \, \mathrm{d}i = \frac{2m^2\lambda}{4d^2}\mathrm{d}\lambda$$

即在波长 λ 附近，波长差为 $\mathrm{d}\lambda$ 的两种光波的第 m 级主亮纹在空间分开的角度为

$$\delta i = \frac{m^2\lambda \mathrm{d}\lambda}{2d^2 \sin(2i)}$$

同时，对第 m 级亮纹，有

$$n^2 - \sin^2 i = \frac{m^2\lambda^2}{4d^2}$$

对 i 和 m 求导，有

$$-2\sin i \cos i \, \mathrm{d}i = \frac{2m\lambda^2}{4d^2}\mathrm{d}m$$

角宽度 $\delta' i$ 对应的干涉级差为

$$\Delta m = \frac{b}{2\pi}$$

代入 $-2\sin i \cos i \, \mathrm{d}i = \frac{2m^2\lambda}{4d^2}\mathrm{d}\lambda$，可以求出波长 λ 附近，主亮纹角宽度为

$$\delta'i = \frac{mb\lambda_1^2}{4\pi d^2 \sin(2i)}$$

将 $|\delta i| = |\delta'i|$ 作为法—珀干涉仪的分辨判据，可求得

$$\delta\lambda = \frac{\lambda}{m}\frac{b}{2\pi}$$

于是，法—珀干涉仪的分辨本领为

$$RP = \frac{\lambda}{\delta\lambda} = \frac{2m\pi}{b} = mF$$

2.18 汞的同位素 Hg^{198}、Hg^{200}、Hg^{202} 和 Hg^{204} 在绿光范围各有一条特征谱线，波长分别为 546.075 3 nm、546.074 5 nm、546.073 4 nm 和 546.072 8 nm。今用法—珀标准具（镜面反射率 $\rho = 0.9$）分析这一精细结构，试问该标准具的间隔 d 应满足什么条件？

【解题思路及提示】 本题考查的是多光束干涉装置的典型应用分析，需要从分辨本领和光谱范围两个角度分析，难度较大。解题的关键是利用法—珀干涉仪来研究光源的光谱精细结构，从而理解多光束干涉图形的本质是相邻光束位相差的相对分布，光谱仪器的性能参数与多光束干涉干涉场强度分布息息相关。

解：由题可得，最小波长差为

$$\delta\lambda_{\min} = 0.000\ 6\ \text{nm}$$

且分辨本领满足

$$RP_{\min} = \frac{\lambda}{\delta\lambda_{\min}} \leqslant \frac{2d}{\lambda}\frac{\pi\sqrt{\rho}}{1-\rho}$$

解得

$$d \geqslant \frac{\lambda^2}{\delta\lambda_{\min}}\frac{1-\rho}{\pi\sqrt{\rho}} = 8.34\ \text{mm}$$

此外，色散范围满足

$$G = \Delta\lambda_{\max} \leqslant \frac{\lambda_{\min}}{m} = \frac{\lambda_{\min}\lambda}{2d}$$

解得

$$d \leqslant \frac{\lambda_{\min}\lambda}{2\Delta\lambda_{\max}} = 59.64\ \text{mm}$$

综上，该标准具的间隔 d 应满足的条件为

$$8.34\ \text{mm} \leqslant d \leqslant 59.64\ \text{mm}$$

2.19 有一个 He-Ne 激光器，其平面谐振腔腔长 $d = 1$ m，镜面反射率 $\rho = 0.95$。假设在中心波长 $\lambda = 633$ nm 附近，增益大于 1 的频率范围 $g = 1.5 \times 10^9$ Hz，试问：

(1) 该激光器最少有几个纵模输出？

(2) 为了得到单纵模输出，激光器的腔长不能超过多少？

【解题思路及提示】 本题考查多光束干涉的典型应用，需要对光程差含义有深入理解，难度中等。利用法—珀干涉仪设计激光谐振腔，从而理解多光束干涉干涉场强度取决于对应相邻光束位相差，位相差是波长的函数。激光器受激辐射输出的波长应满足干涉场强度极大值的波长成分。

解：(1) 激光器输出的纵模数为

$$m = \frac{g}{\Delta v} - 1 = \frac{2dn}{c}g - 1$$

取 $n=1$，代入数据，得 $N=9$，即该激光器最少有 9 个纵模输出。

(2) 激光器输出的纵模数为

$$m = \frac{2dn}{c}g - 1$$

取 $n=1$，为了获得单纵模输出，代入 $m=1$，得 $d \leqslant 0.2$ m，即为了得到单纵模输出，激光器的腔长不能超过 0.2 m。

第3章
光 的 衍 射

■ 学习目的

知悉和理解标量衍射的基本理论、夫琅和费衍射、菲涅尔衍射以及衍射光栅的基本原理及应用，能够解决基本的衍射问题。

■ 学习要求

1. 认识光的衍射现象。了解衍射与干涉的联系与区别。
2. 了解从惠更斯原理发展为惠更斯—菲涅尔积分公式、基尔霍夫衍射积分公式的过程，理解基尔霍夫衍射积分公式的意义。
3. 掌握菲涅尔衍射与夫琅和费衍射的近似条件及菲涅尔衍射积分公式与夫琅和费衍射积分公式。
4. 掌握单缝夫琅和费衍射的光强分布规律。
5. 掌握圆孔夫琅和费衍射的光强分布规律。
6. 理解并掌握单孔光学仪器的分辨本领及有关计算。
7. 理解并掌握光栅方程；理解光栅分光性能、色散本领和分辨本领等；了解一般光栅的特性。
8. 理解并能定性分析圆孔、方孔菲涅尔衍射规律，认识菲涅尔波带片。
9. 了解特殊物体的衍射处理方法。
10. 了解衍射光学元件的设计方法。

基本概念和公式

1. 光的衍射基本概念

1) 什么是衍射?

从衍射现象的波动本质出发,可将衍射进行定义:光波在传播过程中,由于受到限制(即空间调制)而发生的偏离直线传播规律的现象。

2) 观察衍射现象所需的装置有哪三个基本要素?

衍射的三个基本要素为:光源 S 发出的光波;衍射物体 Σ;观察屏 Π 上的衍射图形。

3) 衍射理论解决的根本问题是什么?

衍射理论要解决的问题是分析如图 3-1 所示的由光源 S 发出的光波,受到衍射物体 Σ 的限制后,在观察平面 Π 上造成的复振幅分布或辐照度分布。

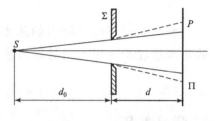

图 3-1 光的衍射现象

这一衍射过程可以分解为三个相对简单的子过程来处理:

(1) 光源 S 发出的光波在自由空间传播距离 d_0 到达衍射物体 Σ 的过程。

(2) 衍射物体 Σ 对入射光波的限制(或调制)过程。

(3) 离开衍射物体 Σ 的光波在自由空间传播距离 d 到达观察屏 Π 的过程。

4) 数学上采用什么形式来描述标量衍射理论?

数学上采用积分的形式来描述标量衍射理论。

亥姆霍兹—基尔霍夫定理:

$$E(P) = \frac{1}{4\pi} \oiint_S \left\{ \frac{\partial E}{\partial n} \left[\frac{\exp(jkr)}{r} \right] - E \frac{\partial}{\partial n} \left[\frac{\exp(jkr)}{r} \right] \right\} d\sigma \qquad (3-1)$$

式中,S 是包围考察点 P 的一个任意封闭曲面;$d\sigma$ 是 S 上的矢量积元,取外法向 n 为正;在被积函数中,E 和 $\dfrac{\partial E}{\partial n}$ 分别表示封闭面 S 上的电场及其法向偏导数,可认为是由外部光源照射或由自发光面 S 产生的。

2. 标量衍射基本理论

1) 基于球面波的衍射积分公式

(1) 惠更斯—菲涅尔衍射积分公式:

$$E(P) = K\frac{A'\exp(jkr_0)}{r_0}\iint_{\Omega'} D(\chi)\frac{\exp(jkr')}{r'}\mathrm{d}\sigma \qquad (3-2)$$

（2）基尔霍夫衍射积分公式：

$$E(P) = \frac{1}{j\lambda}\iint_{\Sigma}\frac{A\exp(jkr_0)}{r_0}\frac{\exp(jkr)}{r}\left(\frac{\cos\alpha_1 + \cos\alpha_2}{2}\right)\mathrm{d}\sigma \qquad (3-3)$$

（3）在菲涅尔近似下，基尔霍夫衍射积分公式可简化如下：

$$\begin{aligned}E(x,y) &= \frac{1}{j\lambda d}\iint_{-\infty}^{\infty}A(\xi,\eta)\exp(jkd)\exp\left\{j\frac{k}{2d}[(x-\xi)^2 + (y-\eta)^2]\right\}\mathrm{d}\xi\mathrm{d}\eta \\ &= \frac{1}{j\lambda d}\exp\left[jk\left(d + \frac{x^2+y^2}{2d}\right)\right]\iint_{-\infty}^{\infty}A(\xi,\eta)\exp\left[j\frac{k}{2d}(\xi^2+\eta^2)\right]\cdot \\ &\quad \exp\left[-j\frac{k}{d}(x\xi + y\eta)\right]\mathrm{d}\xi\mathrm{d}\eta \end{aligned} \qquad (3-4)$$

近似条件为

$$d^3 \geqslant \frac{1}{2\lambda}[(x-\xi)^2 + (y-\eta)^2]^2 \qquad (3-5)$$

（4）夫琅和费衍射积分公式：

$$E(x,y) = \frac{1}{j\lambda d}\exp\left[jk\left(d + \frac{x^2+y^2}{2d}\right)\right]\iint_{-\infty}^{\infty}A(\xi,\eta)\exp\left[-j\frac{k}{d}(x\xi + y\eta)\right]\mathrm{d}\xi\mathrm{d}\eta \qquad (3-6)$$

近似条件为

$$d \geqslant \frac{2}{\lambda}(\xi^2 + \eta^2) \qquad (3-7)$$

2）基于平面波的衍射积分公式

平面波角谱理论的基本思想：

（1）对复振幅 $A(\xi,\eta)$ 做傅里叶变换，将其分解为一系列沿不同方向传播的三维简谐平面波，$A(\xi,\eta)$ 的空间频谱 $a(f_\xi,f_\eta)$ 正是空间频率为 (f_ξ,f_η) 的平面波成分的复振幅。

（2）平面波在自由空间传播过程中不改变其波面形状，唯一的变化是产生一个与传播距离有关的相位移。

设 $A(\xi,\eta)$ 的空间频谱为 $a(f_\xi,f_\eta)$，则有

$$A(\xi,\eta) = \iint_{-\infty}^{\infty}a(f_\xi,f_\eta)\exp[-j2\pi(f_\xi\xi + f_\eta\eta)]\mathrm{d}f_\xi\mathrm{d}f_\eta \qquad (3-8)$$

$z=0$ 平面的角谱 $a(f_\xi,f_\eta)$ 在自由空间传播距离 z 之后，z 平面的角谱为

$$e(f_\xi,f_\eta) = a(f_\xi,f_\eta)\exp\left(jkz\sqrt{1-\lambda^2 f_\xi^2 - \lambda^2 f_\eta^2}\right) \qquad (3-9)$$

（3）对 $e(f_\xi,f_\eta)$ 做反傅里叶变换，即可求出观察面 Π 上衍射场的复振幅，即

$$E(x,y) = \iint_{-\infty}^{\infty} e(f_\xi, f_\eta) \exp[\text{j}2\pi(f_\xi x + f_\eta y)] \text{d}f_\xi \text{d}f_\eta$$

$$= \iint_{-\infty}^{\infty} a(f_\xi, f_\eta) \exp(\text{j}kz\sqrt{1 - \lambda^2 f_\xi^2 - \lambda^2 f_\eta^2}) \exp[\text{j}2\pi(f_\xi x + f_\eta y)] \text{d}f_\xi \text{d}f_\eta \quad (3-10)$$

3) 巴比内原理

设衍射物体由单位振幅单色平面波正入射照明,当光波不受限制时,考察点 P 处的复振幅为 $E_\infty(P)$;当光波受到开孔 Σ 限制时,P 点的复振幅为 $E_\Sigma(P)$;当光波受到挡光屏 Σ'(Σ 的互补屏)限制时,P 点的复振幅为 $E_{\Sigma'}(P)$。它们有如下关系:

$$E_\Sigma(P) + E_{\Sigma'}(P) = E_\infty(P) \quad (3-11)$$

3. 衍射理论的应用

1) 单缝衍射

单缝夫琅和费衍射的复振幅分布为

$$E(x,y) = \frac{a_0}{\text{j}\lambda f} \exp\left[\text{j}k\left(f + \frac{x^2 + y^2}{2f}\right)\right] \text{sinc}\left(\frac{a_0 x}{\lambda f}\right) \delta\left(\frac{y}{\lambda f}\right) \quad (3-12)$$

观察面 Π 上衍射图形的辐照度分布为

$$L(x,y) = \frac{a_0^2}{\lambda^2 f^2} \text{sinc}^2\left(\frac{a_0 x}{\lambda f}\right) \delta\left(\frac{y}{\lambda f}\right) = L(0,0) \text{sinc}^2\left(\frac{a_0 x}{\lambda f}\right) \delta\left(\frac{y}{\lambda f}\right) \quad (3-13)$$

中央亮斑的宽度为

$$w = 2\lambda f/a_0 \quad (3-14)$$

2) 单孔衍射

(1) 矩孔衍射。

矩孔夫琅和费衍射的复振幅和辐照度分别为

$$E(x,y) = \frac{K}{f} \exp\left[\text{j}k\left(f + \frac{x^2 + y^2}{2f}\right)\right] a_0 b_0 \text{sinc}\left(\frac{a_0 x}{\lambda f}\right) \text{sinc}\left(\frac{b_0 y}{\lambda f}\right) \quad (3-15)$$

$$L(x,y) = \frac{K \cdot K^*}{f^2} a_0^2 b_0^2 \text{sinc}^2\left(\frac{a_0 x}{\lambda f}\right) \text{sinc}^2\left(\frac{b_0 y}{\lambda f}\right)$$

$$= L(0,0) \text{sinc}^2\left(\frac{a_0 x}{\lambda f}\right) \text{sinc}^2\left(\frac{b_0 y}{\lambda f}\right) \quad (3-16)$$

中央亮斑沿 x 方向和 y 方向的宽度分别为

$$w_x = 2\lambda f/a_0, \quad w_y = 2\lambda f/b_0 \tag{3-17}$$

(2) 圆孔衍射。

圆孔夫琅和费衍射的复振幅和辐照度分别为

$$E(r) = \frac{K}{f}\exp\left[jk\left(f+\frac{r^2}{2f}\right)\right]\frac{\varepsilon\lambda f}{r}J_1\left(2\pi\frac{\varepsilon r}{\lambda f}\right)$$

$$= \frac{K}{f}\exp\left[jk\left(f+\frac{r^2}{2f}\right)\right](\pi\varepsilon^2)\frac{2J_1\left(2\pi\frac{\varepsilon r}{\lambda f}\right)}{2\pi\frac{\varepsilon r}{\lambda f}} \tag{3-18}$$

$$L(r) = \frac{K\cdot K^*}{f^2}(\pi\varepsilon^2)^2\left[\frac{2J_1\left(2\pi\frac{\varepsilon r}{\lambda f}\right)}{2\pi\frac{\varepsilon r}{\lambda f}}\right]^2 \tag{3-19}$$

爱里斑的半径和角半径分别为

$$\left.\begin{array}{l}r_A = \dfrac{3.83}{2\pi}\dfrac{\lambda f}{\varepsilon} = 0.61\dfrac{\lambda f}{\varepsilon}\\ \theta_A = r_A/f = 0.61\lambda/\varepsilon\end{array}\right\} \tag{3-20}$$

(3) 单孔光学仪器的分辨本领。

望远镜的最小分辨角：

$$\alpha = \theta_A = 1.22\lambda/D \tag{3-21}$$

照相物镜在像面上每毫米能分辨的直线数：

$$N = 1/\delta_x = D/(1.22\lambda f) \tag{3-22}$$

显微镜的最小可分辨距离：

$$\varepsilon = \frac{\varepsilon'\sin u'}{n\sin u} = \frac{0.61\lambda}{n\sin u} = 0.61\frac{\lambda}{NA} \tag{3-23}$$

3) 光栅衍射

(1) 振幅型一维光栅的衍射。

衍射复振幅及辐照度分布：

$$E(P) = CaN\mathrm{sinc}\left(\frac{a}{d}\frac{\Delta\varphi}{2\pi}\right)\sum_{m=-\infty}^{\infty}\mathrm{sinc}\left[N\left(\frac{\Delta\varphi}{2\pi}-m\right)\right] \tag{3-24}$$

$$L(p) = N^2 I_0 \mathrm{sinc}^2\left(\frac{a}{d}\frac{\Delta\varphi}{2\pi}\right)\left\{\sum_{m=-\infty}^{\infty}\mathrm{sinc}\left[N\left(\frac{\Delta\varphi}{2\pi}-m\right)\right]\right\}^2 \tag{3-25}$$

主极大条件：

$$\frac{\Delta\varphi}{2\pi} - m = 0 \tag{3-26}$$

光栅方程：

$$d\sin\theta = m\lambda \qquad (3-27)$$

暗纹条件：

$$N\left(\frac{\Delta\varphi}{2\pi} - m\right) = L$$

$$\Delta\varphi = 2m\pi + \frac{2L\pi}{N} \qquad (L=1,2,3,\cdots,N-1) \qquad (3-28)$$

次亮纹条件：

$$N\left(\frac{\Delta\varphi}{2\pi} - m\right) = L + \frac{1}{2} \quad (L \text{ 为整数})$$

$$\Delta\varphi = 2m\pi + \frac{(2L+1)\pi}{N} \qquad (L=1,2,3,\cdots,N-2) \qquad (3-29)$$

主亮纹宽度：

$$b = 2\pi/N \qquad (3-30)$$

主亮纹强度：

$$L(m) = N^2 I_0 \mathrm{sinc}^2\left(\frac{a}{d}m\right) \qquad (3-31)$$

缺级条件：

$$\frac{a}{d}m = NN \quad (NN \text{ 为整数}) \qquad (3-32)$$

单缝衍射中央亮区内的主亮纹数目：

$$N' = \frac{w}{d_w} - 1 = \frac{2d}{a} - 1 \qquad (3-33)$$

光栅角色散和线色散：

$$\left.\begin{array}{l} D_A = \dfrac{m}{d\cos\theta} \\[6pt] D_L = \left|\dfrac{\mathrm{d}x}{\mathrm{d}\lambda}\right| = f\sec^2\theta D_A = \dfrac{mf}{d\cos^3\theta} \end{array}\right\} \qquad (3-34)$$

(2) 光栅的分辨本领：

$$RP = mN \qquad (3-35)$$

(3) 泰伯效应。

用单色平面波正入射照射一个矩形波光栅，在光栅的菲涅尔衍射区内可以观察到周期性出现的光栅自身的像，这一现象称为泰伯效应。

4) 特殊物体的衍射

(1) 随机颗粒的衍射。

如果对小孔阵列的照明是非相干的，则它的夫琅和费衍射的辐照度应等于阵

列中各个小孔衍射的辐照度相加，即

$$L(x,y) = \sum_{n=1}^{N} \left| \exp[-j2\pi(f_\xi \xi_n + f_\eta \eta_n)] t_0(f_\xi, f_\eta) \right|^2$$

$$= \sum_{n=1}^{N} \left| t_0\left(\frac{x}{\lambda z}, \frac{y}{\lambda z}\right) \right|^2 = NI_0(x,y) \qquad (3-36)$$

（2）位相物体的衍射。

一个边长为 a_0、b_0 的矩形孔，沿 ξ 方向分为两半，右半部覆以一块具有 φ_0 位相延迟的位相板，用单位振幅的单色平面波正入射照明，夫琅和费衍射的复振幅和辐照度分别为

$$E(x,y) = \frac{a_0 b_0}{j\lambda f} \exp\left[j\left(f + \frac{x^2+y^2}{2f} + \frac{\varphi_0}{2}\right)\right] \operatorname{sinc}\left(\frac{a_0 x}{2\lambda f}\right) \cos\left(\frac{\pi a_0 x}{2\lambda f} - \frac{\varphi_0}{2}\right) \operatorname{sinc}\left(\frac{b_0}{\lambda f}\right)$$

$$(3-37)$$

$$L(x,y) = \frac{a_0^2 b_0^2}{\lambda^2 f^2} \operatorname{sinc}^2\left(\frac{a_0 x}{2\lambda f}\right) \cos^2\left(\frac{\pi a_0 x}{2\lambda f} - \frac{\varphi_0}{2}\right) \operatorname{sinc}^2\left(\frac{b_0 x}{\lambda f}\right) \qquad (3-38)$$

（3）直边物体的衍射。

直边半无限平面的复振幅透射系数可表示为阶跃函数，其夫琅和费衍射的复振幅和辐照度分别为

$$E(x,y) = \frac{1}{j\lambda f} \exp\left[jk\left(f + \frac{x^2+y^2}{2f}\right)\right] \left[\frac{1}{j2\pi f_\xi} + \frac{1}{2}\delta(f_\xi)\right] \delta(f_\eta)$$

$$= \frac{1}{j\lambda f} \exp\left[jk\left(f + \frac{x^2+y^2}{2f}\right)\right] \left[\frac{\lambda f}{j2\pi x} + \frac{1}{2}\delta\left(\frac{x}{\lambda f}\right)\right] \delta\left(\frac{y}{\lambda f}\right) \qquad (3-39)$$

$$L(x,y) = \begin{cases} \dfrac{1}{4\pi^2 x^2} & (x \neq 0, y \neq 0) \\ \delta(x,y) & (x = y = 0) \end{cases} \qquad (3-40)$$

5) 菲涅尔定性衍射

(1) 菲涅尔半波带法。

图 3-2 所示圆孔 Σ 由点光源 S 发出的球面波照明。按照惠更斯—菲涅尔原理，

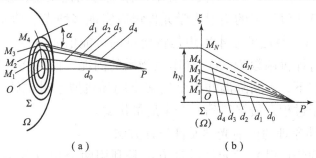

图 3-2 菲涅尔半波带

考察点 P 的复振幅是未受阻挡的波面 Ω 上各子波贡献量的相干叠加。为了避免复杂的积分,可按子波源到 P 点距离大小将 Ω 划分为一系列环带,使同一个环带上全部子波对 P 点复振幅的贡献量可简单地用环带内一个子波源的贡献量乘以环带的面积 S_N 来表示;而相邻环带子波源对 P 点复振幅的贡献量则大小近似相等,位相相反。按上述规则划分的环带称为菲涅尔半波带。

(2) 菲涅尔波带板。

对于圆孔菲涅尔衍射,如果把圆孔内所有奇数(或偶数)半波带挡住,使各通光半波带的复振幅贡献量在 P 点同相相加,P 点的振幅和辐照度将会大幅度增加。这种挡住了全部偶数(或奇数)半波带的特殊光阑称为菲涅尔波带板,简称波带板。

对于圆形波带板,包含的半波带数

$$M = \frac{\varepsilon^2}{\lambda d_0} \tag{3-41}$$

6)衍射光学元件

(1) 衍射光学元件的设计原理。

衍射光学元件的设计过程分为两步:第 1 步为编码,将连续振幅分布 $|F(\xi,\eta)|$ 所携带的信息尽可能多地编码到相位分布中,这个过程会引进编码噪声 $c(\xi,\eta)$;第 2 步为优化设计,通过反复多次迭代,在输出平面相位不受约束的前提下,使实际输出光强逼近预设理想光强。

(2) 基于标量衍射理论的衍射光学元件设计方法。

当衍射元件的特征尺寸大于光波波长时,光波的偏振特性就变得不那么重要了,此时,传统的标量衍射理论能够满足衍射光学元件的设计精度。这种基于标量衍射理论的衍射光学元件设计方法主要有 GS 算法、YG 算法、模拟退火(SA)算法、共轭梯度算法、遗传算法等。

GS 算法利用夫琅和费衍射及其逆传输输入输出面上光场分布的限制条件进行反复地迭代,直至满足设计要求。

YG 算法可应用于一般光学变换系统中的振幅与相位恢复,是一种更普遍的优化算法,根据该算法设计出的衍射光学元件可以实现多种光学功能。

模拟退火(SA)算法的基本思想是将变量的可能值 $\phi(x,y)$ 看作某一物质体系的微观状态,将评价函数 $D(\phi)$ 看作该物质的内能,同时将控制参数 T 类比为温度。在某一状态下,不断降温并在全局解空间随机搜索最优解。SA 算法主要包括抽样和退火两个过程,最终得到一个全局最优解。

(3) 基于干涉原理的衍射光学元件设计方法。

基于干涉原理的衍射光学元件设计方法是利用两个相位分布干涉来获得任意复振幅分布,从而实现具有任意强度的光场调制。

习 题 解 答

3.1 用波长 $\lambda = 500$ nm 的单色平面波照明一个边长为 5 mm 的正方形孔，试求菲涅尔衍射区和夫琅和费衍射区距小孔的最近距离。

【解题思路及提示】 本题考查的是菲涅尔衍射和夫琅和费衍射区域划分的问题，为下一步对夫琅和费衍射和菲涅尔衍射的应用打基础，难度较小。由点源基尔霍夫衍射积分公式对距离 r 做近似，可以在近场用菲涅尔衍射积分公式来描述，在远场用夫琅和费衍射积分公式来描述。本题使用菲涅尔衍射区域和夫琅和费衍射区域的距离公式，把题中的波长和空间参数代入公式，即可求得。

解：菲涅尔衍射区满足

$$d^3 \geq \frac{1}{2\lambda}[(x-\xi)^2 + (y-\eta)^2]^2$$

取 $x = y = 0$，$\xi = \eta = 2.5$ mm，解得此时菲涅尔衍射区距小孔的距离需满足

$$d \geq 53.86 \text{ mm}$$

即菲涅尔衍射区距小孔的最近距离为

$$d_{\min} = 53.86 \text{ mm}$$

夫琅和费衍射区满足

$$d \geq \frac{2}{\lambda}(\xi^2 + \eta^2)$$

取 $x = y = 0$，$\xi = \eta = 2.5$ mm，解得，此时夫琅和费衍射区距小孔的距离需满足

$$d \geq 50\,000 \text{ mm}$$

即夫琅和费衍射区距小孔的最近距离为

$$d_{\min} = 50\,000 \text{ mm}$$

3.2 应用平面波角谱理论，从式（3-56）（教材）出发，通过菲涅尔近似，导出菲涅尔衍射公式（3-16）（教材）。

【解题思路及提示】 本题考查的是平面波角谱理论在菲涅尔衍射区域的衍射公式问题，难度中等。由平面波角谱理论对传输函数中的距离 r 做近似，在近场也可以获得菲涅尔衍射积分公式。本题为课后数学推导题目，有助于学生理解点源法衍射积分公式和面源法衍射积分公式的异同。解题的关键是将传递函数按泰勒级数展开，并忽略高阶项。

解：在平面波角谱理论中，衍射场的复振幅分布为

$$E(x,y) = \iint_{-\infty}^{\infty} e(\xi,\eta) \exp[j2\pi(f_\xi x + f_\eta y)] \mathrm{d}f_\xi \mathrm{d}f_\eta$$

$$= \iint_{-\infty}^{\infty} a(f_\xi, f_\eta) \exp(jkz \sqrt{1 - \lambda^2 f_\xi^2 - \lambda^2 f_\eta^2}) \exp[j2\pi(f_\xi x + f_\eta y)] df_\xi df_\eta$$

(a)

系统的传递函数为

$$H(f_\xi, f_\eta) = \frac{e(f_\xi, f_\eta)}{a(f_\xi, f_\eta)} = \exp(jkz \sqrt{1 - \lambda^2 f_\xi^2 - \lambda^2 f_\eta^2})$$

(b)

将式（b）所表示的角谱传递函数按泰勒级数展开，有

$$H(f_\xi, f_\eta) = \exp\left\{jkz\left[1 - \frac{1}{2}(\lambda^2 f_\xi^2 + \lambda^2 f_\eta^2) - \frac{1}{8}(\lambda^4 f_\xi^4 + \lambda^4 f_\eta^4) \cdots\right]\right\}$$

(c)

当式（c）的菲涅尔近似条件得到满足时，上式右端高于 4 次方的高阶位相因子的影响可忽略不计，于是菲涅尔近似条件下的角谱传递函数可表示为

$$H(f_\xi, f_\eta) = \exp(jkz) \exp[-j\pi\lambda z(f_\xi^2 + f_\eta^2)]$$

(d)

将式（d）代入式（a），得到衍射场的复振幅分布为

$$E(x, y) = \exp(jkz) \iint_{-\infty}^{\infty} a(f_\xi, f_\eta) \exp[-j\pi\lambda z(f_\xi^2 + f_\eta^2)] \cdot \exp[-j2\pi(f_\xi x + f_\eta y)] df_\xi df_\eta$$

$$= \exp(jkz) \mathcal{F}^{-1}[a(f_\xi, f_\eta)] \otimes \mathcal{F}^{-1}\{\exp[-j\pi\lambda z(f_\xi^2 + f_\eta^2)]\}$$

(e)

上式的最后一步应用了频域的卷积定理，又因

$$\mathcal{F}^{-1}[a(f_\xi, f_\eta)] = A(x, y)$$

(f)

$$\mathcal{F}^{-1}\{\exp[-j\pi\lambda z(f_\xi^2 + f_\eta^2)]\} = \frac{1}{j\lambda z} \exp\left[j\frac{k}{2z}(x^2 + y^2)\right]$$

(g)

所以，衍射场的复振幅分布为

$$E(x, y) = \frac{1}{j\lambda z} \exp(jkz) A(x, y) \otimes \exp\left[j\frac{k}{2z}(x^2 + y^2)\right]$$

$$= \frac{1}{j\lambda z} \exp(jkz) \iint_{-\infty}^{\infty} A(\xi, \eta) \exp\left\{j\frac{k}{2z}[(\xi - x)^2 + (\eta - y)^2]\right\} d\xi d\eta$$

即菲涅尔衍射积分公式。

3.3 波长为 546 nm 的绿光垂直照射缝宽为 1 mm 的狭缝，在狭缝后面放置一个焦距为 1 m 的透镜，将衍射光聚焦在透镜后焦面的观察屏上。试求：

(1) 衍射图形中央亮斑的宽度和角宽度。

(2) 衍射图形中央两侧 2 mm 处辐照度与中央辐照度的比值。

【解题思路及提示】 本题考查的是单缝夫琅和费衍射图形的规律和特点，难度中等。解题的关键是根据单缝的夫琅和费衍射强度（辐照度）公式，获得中央亮斑的宽度和角宽度；不同位置的辐照度之比可通过衍射辐照度公式求得。

解：(1) 在观察面上，x 方向的辐照度分布为

$$L(x) = \frac{a_0^2}{\lambda^2 f^2} \text{sinc}^2\left(\frac{a_0 x}{\lambda f}\right) = L(0) \text{sinc}^2\left(\frac{a_0 x}{\lambda f}\right)$$

中央亮斑的宽度为

$$w = \frac{2\lambda f}{a_0} = \frac{2 \times 546 \text{ nm} \times 1 \text{ m}}{1 \text{ mm}} \approx 1.1 \text{ mm}$$

中央亮斑的角宽度为

$$\theta = \frac{2\lambda}{a_0} \approx 1.1 \times 10^{-3} \text{ rad} = 0.063°$$

(2) 衍射图形中央两侧 2 mm 处辐照度与中央辐照度的比值为

$$\frac{L_2}{L_0} = \text{sinc}^2\left(\frac{a_0 x}{\lambda f}\right) = \text{sinc}^2\left(\frac{1}{0.546}\right) = \frac{\sin^2(2\pi/0.546)}{(2\pi/0.546)^2} = 0.0057$$

3.4 一束单色平行光在空气—玻璃界面上反射和折射。如果在界面上放置一个宽度 $a = 10$ mm 的狭缝光阑（图 3-3），并设 $n_1 = 1.0$，$n_2 = 1.5$，$\lambda_0 = 600$ nm，试分别求出 $\beta = 0°、60°、89°$ 时，反射光束和折射光束的衍射中央亮斑角宽度（即衍射发散角）。

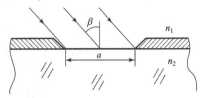

图 3-3 题 3.4 图

【解题思路及提示】 本题考查的是折射光和反射光在单缝衍射中的分布，以及不同入射光和不同透明介质中单缝夫琅和费衍射图形的规律和特点。本题主要涉及两个知识点：①第 1 章的菲涅尔公式（折、反射定律）；②单缝夫琅和费衍射规律和特点。本题需一定数学基础，难度较大。解题的关键是通过改变入射光的空间相位分布，获得单缝的夫琅和费衍射强度（辐照度）分布，从而求得中央亮斑的宽度和角宽度。

解：平面波斜入射条件下的夫琅和费衍射的辐照度为

$$L(x) = \frac{a_0^2}{\lambda^2 f^2}\text{sinc}^2\left[\frac{a_0}{\lambda}(\sin\theta - \sin\beta)\right] = L(0)\text{sinc}^2\left[\frac{a_0}{\lambda}(\sin\theta - \sin\beta)\right]$$

设衍射中央亮斑的半角宽度为 $\Delta\theta$，由第一极小条件为 $\frac{a}{\lambda}(\sin\theta - \sin\beta) = 1$ 和 $\theta = \Delta\theta + \beta$，根据

$$\sin\alpha - \sin\beta = 2\cos\frac{\alpha+\beta}{2}\sin\frac{\alpha-\beta}{2}$$

得

$$\sin(\beta + \Delta\theta) - \sin\beta = 2\sin\left(\frac{\Delta\theta}{2}\right)\cos\left(\beta + \frac{\Delta\theta}{2}\right) \approx 2 \cdot \frac{\Delta\theta}{2} \cdot \cos\beta = \Delta\theta\cos\beta$$

即在第一极小条件下，有

$$\frac{a}{\lambda}(\sin\theta - \sin\beta) = \frac{a}{\lambda}[\sin(\beta + \Delta\theta) - \sin\beta] = \frac{a}{\lambda}\Delta\theta\cos\beta = 1$$

即衍射中央亮斑的半角宽度为 $\Delta\theta = \dfrac{\lambda}{a_0\cos\beta}$。

(1) 反射光的衍射 ($n_2 = n_1 = 1$)。反射角等于入射角，即 $\lambda_r = \lambda_i = \lambda$，此时反射光束的衍射中央亮斑半角宽度为

$$\Delta\theta = \dfrac{\lambda_r}{a_0\cos\beta_r} = \dfrac{\lambda}{a_0\cos\beta}$$

代入数据，得反射光束的衍射中央亮斑角宽度 $2\Delta\theta$ 分别为

$$2\Delta\theta_0 = 1.2 \times 10^{-4} \text{ rad}$$

$$2\Delta\theta_{60} = 2.4 \times 10^{-4} \text{ rad}$$

$$2\Delta\theta_{89} = 6.8 \times 10^{-3} \text{ rad}$$

(2) 折射光的衍射 ($n_1 = 1$，$n_2 = 1.5$)。根据折射定律

$$\cos\beta_t = \sqrt{1 - \sin^2\beta_t} = \sqrt{1 - \left(\dfrac{n_1}{n_2}\sin\beta\right)^2}$$

并且 $\dfrac{\lambda_t}{\lambda_i} = \dfrac{\lambda_t}{\lambda} = \dfrac{n_1}{n_2}$，此时折射光束的衍射中央亮斑半角宽度为

$$\Delta\theta = \dfrac{\lambda_t}{a_0\cos\beta_t} = \dfrac{\lambda_i n_1/n_2}{a_0\sqrt{1 - (\sin\beta\, n_1/n_2)^2}} = \dfrac{\lambda n_1}{a_0\sqrt{n_2^2 - n_1^2\sin^2\beta}}$$

代入数据，得折射光束的衍射中央亮斑角宽度 $2\Delta\theta$ 分别为

$$2\Delta\theta_0 = 0.8 \times 10^{-4} \text{ rad}$$

$$2\Delta\theta_{60} = 0.98 \times 10^{-4} \text{ rad}$$

$$2\Delta\theta_{89} = 1.07 \times 10^{-4} \text{ rad}$$

3.5 (1) 试证明单缝夫琅和费衍射第 m 级次极大的辐照度可以近似表示为

$$L_m = L_0\left[\dfrac{1}{(m + 1/2)\pi}\right]^2$$

式中，L_0 为图形中心处的辐照度。

(2) 以 $m = 2$ 为例，分别计算近似值与实际值，问近似值的相对误差有多大？

【解题思路及提示】 本题考查的是单缝夫琅和费衍射图形的规律和特点，通过对单缝夫琅和费衍射积分公式的分析和近似推导，理解精确值和近似值之间计算复杂度和精度之间的差距。本题为课后数学推导题，难度中等。

解：(1) 沿 x 轴的衍射光强度分布为

$$L = L_0 \text{sinc}^2\alpha$$

式中，$\alpha = \dfrac{a_0 x}{\lambda f}$。

近似计算时,认为第 m 级次极大位于相邻两个暗点的中点,即
$$\alpha = m + \frac{1}{2}$$
所以,单缝夫琅和费衍射第 m 级次极大的辐照度可以近似表示为
$$L_m = L_0 \left[\frac{1}{(m+1/2)\pi}\right]^2$$

(2) 实际次极大的实际位置由下式决定:$\frac{\mathrm{d}}{\mathrm{d}\alpha}\mathrm{sinc}\alpha = 0$,即 $\tan\alpha\pi = \alpha\pi$,计算结果如表 3-1 所示。

表 3-1 题 3.5 结果:取值对照表

$\alpha\pi$	$\mathrm{sinc}\alpha$	取值
0	1	主极大
π	0	极小
1.430π	0.047 18	第一级次极大
2π	0	极小
2.459π	0.016 48	第二级次极大
3π	0	极小

当 $m = 2$ 时,因实际计算所得的次极大值为
$$L_2 = 0.016\ 48 L_0$$
近似值为
$$L_2' = L_0 \left[\frac{1}{(m+1/2)\pi}\right]^2 = 0.016\ 21 L_0$$
所以,相对误差为
$$\frac{|L_2' - L_2|}{L_2} = 1.6\%$$

3.6 试以单缝夫琅和费衍射装置(图 3-4)为例,讨论装置做如下变化时对衍射图形的影响。

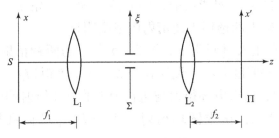

图 3-4 题 3.6 图

(1) 透镜 L_2：焦距变大。

(2) 衍射屏 Σ：设为单缝。

①Σ 屏沿 ξ 轴平移，但不超出入射光照明范围。

②Σ 屏绕 z 轴旋转。

(3) 光源 S：

①S 是点光源，但沿 x 方向有移动。

②S 是平行于狭缝的线光源。

【解题思路及提示】 本题考查的是在单缝夫琅和费衍射中，外部条件发生改变时，衍射图形的变化规律和特点。本题是一道综合题，难度较大。解题的关键是根据单缝夫琅和费衍射基本强度（辐照度）公式，对于不同光源、入射条件、透镜焦距和衍射屏，相应的夫琅和费衍射分布发生变化，进而讨论衍射图案（特别是中央亮斑宽度）的变化情况。

解：(1) 透镜 L_2 焦距变大，观察屏上衍射图样的辐照度整体降低，衍射图样中央亮斑的宽度变大，各级亮纹间距变大，条纹宽度变大，衍射效应增强。

(2) ①Σ 屏沿 ξ 轴平移，在观察面上引入了位相的延迟，在观看时，光强分布不变，衍射图样不变。

②衍射图样随屏进行旋转。

(3) ①衍射图样分布形式不变，衍射中央亮斑的中心位置沿光源移动的方向相反。

②衍射图形沿 y 方向扩展，x 方向分布不变。

3.7 试求一根直径为 100 μm 的头发丝的夫琅和费衍射图案。（头发丝可近似看作无限长圆柱）。讨论衍射图案变明显的条件。

【解题思路及提示】 本题考查的是巴比内原理在实际生活中的应用以及单缝夫琅和费衍射规律和特点，难度中等。解题的关键是把头发丝的互补屏看作单缝，根据单缝的夫琅和费衍射强度（辐照度）公式来获得中央亮斑的宽度和角宽度，讨论衍射图案变明显的条件即可。

解：应用巴比内原理，头发丝可看成一个单缝衍射孔径的互补屏，因此在中心线之外的一切考察点上，复振幅的位相相差 π、辐照度完全相同，即在轴外点上，衍射图形为单缝的夫琅和费衍射，中心线上为一条亮线。可以通过使用波长较大的入射光或焦距较大的透镜来使衍射图案变明显。

3.8 (1) 试求在正入射照明下，图 3-5 所示的两种衍射屏的夫琅和费衍射图形的复振幅分布和辐照度分布。设波长为 λ，透镜焦距为 f。

(2) 假设 $l = L/2$，试求方环衍射与边长为 L 的方孔衍射的中央辐照度之比。

(3) 假设 $R_2 = R_1/2$，试求圆环衍射与半径为 R_1 的圆孔衍射的中央辐照度之比。

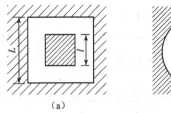
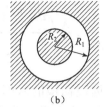

图 3-5 题 3.8 图

【解题思路及提示】 本题考查的是单孔（方孔和圆孔）夫琅和费衍射图形的规律和特点，以及巴比内互补屏原理，难度中等。解题时，将实际参数代入单孔的夫琅和费衍射强度（辐照度）公式，即可求得辐照度之比。

解：（1）在正入射照明下，图 3-5（a）所示方环的复振幅为

$$E(x,y) = \frac{K}{f}\exp\left[jk\left(f+\frac{x^2+y^2}{2f}\right)\right]\left[L^2\mathrm{sinc}\left(\frac{Lx}{\lambda f}\right)\mathrm{sinc}\left(\frac{Lx}{\lambda f}\right) - l^2\mathrm{sinc}\left(\frac{lx}{\lambda f}\right)\mathrm{sinc}\left(\frac{lx}{\lambda f}\right)\right]$$

其辐照度为

$$L(x,y) = \frac{1}{\lambda^2 f^2}\left[L^2\mathrm{sinc}\left(\frac{Lx}{\lambda f}\right)\mathrm{sinc}\left(\frac{Lx}{\lambda f}\right) - l^2\mathrm{sinc}\left(\frac{lx}{\lambda f}\right)\mathrm{sinc}\left(\frac{lx}{\lambda f}\right)\right]^2$$

图 3-5（b）所示圆环的复振幅为

$$E(r) = \frac{K}{f}\exp\left[jk\left(f+\frac{r^2}{2f}\right)\right]\left[(\pi R_1)^2\frac{2J_1\left(2\pi\frac{R_1 r}{\lambda f}\right)}{2\pi\frac{R_1 r}{\lambda f}} - (\pi R_2)^2\frac{2J_1\left(2\pi\frac{R_2 r}{\lambda f}\right)}{2\pi\frac{R_2 r}{\lambda f}}\right]$$

其辐照度为

$$L(r) = \frac{1}{\lambda^2 f^2}\left[(\pi R_1)^2\frac{2J_1\left(2\pi\frac{R_1 r}{\lambda f}\right)}{2\pi\frac{R_1 r}{\lambda f}} - (\pi R_2)^2\frac{2J_1\left(2\pi\frac{R_2 r}{\lambda f}\right)}{2\pi\frac{R_2 r}{\lambda f}}\right]^2$$

（2）方环衍射与边长为 L 的方孔衍射的中央辐照度之比为

$$\frac{L_{\text{环}}(0,0)}{L_{\text{孔}}(0,0)} = \frac{\frac{1}{\lambda^2 f^2}(L^2-l^2)^2}{\frac{1}{\lambda^2 f^2}(L^2)^2} = \frac{9}{16} = 56.25\%$$

（3）圆环衍射与半径为 R 的圆孔衍射的中央辐照度之比为

$$\frac{L_{环}(0,0)}{L_{孔}(0,0)} = \frac{\frac{1}{\lambda^2 f^2}[(\pi R_1)^2 - (\pi R_2)^2]^2}{\frac{1}{\lambda^2 f^2}(\pi R_1)^2} = \frac{9}{16} = 56.25\%$$

3.9 一台天文望远镜物镜的入射光瞳直径 $D = 2.5$ m，设光波长 $\lambda = 0.55$ μm，求该望远镜的分辨本领。若人眼瞳孔直径 $D_e = 3$ mm，为了充分利用望远镜的分辨本领，望远镜的视角放大率应等于多少？

【解题思路及提示】 本题考查的是圆孔（在某些情况下也许是矩形孔）仪器的衍射受限分辨本领，以及在实际应用中如何设计和分析单孔望远镜的分辨本领和视角放大率，难度中等。解题的关键是将望远镜仪器的分辨本领、望远镜的视角放大率、人眼最小分辨角进行最优匹配。一般来说，为充分利用望远镜的分辨本领，应使物镜的最小分辨角经放大后正好等于人眼的最小分辨角。

解：望远镜的最小分辨角，即分辨本领为

$$\alpha = 1.22\frac{\lambda}{D} = 0.268\ 4 \times 10^{-6}\ \text{rad}$$

为充分利用望远镜的分辨本领，应使物镜的最小分辨角经放大后正好等于人眼的最小分辨角，即

$$M\alpha = \alpha_e$$

解得，望远镜的视角放大率为

$$M = \frac{\alpha_e}{\alpha} = \frac{D}{D_e} = 833.3$$

3.10 证明对于任意中心对称的物体，其夫琅和费衍射辐照度分布都具有中心对称性。

【解题思路及提示】 本题考查的是夫琅和费衍射图形的规律和特点。通过证明对于任意中心对称物体的夫琅和费衍射图形的分布规律，体会夫琅和费衍射的完美对称性。本题为课后数学推导题，需要运用数学基础知识，难度较小。

证明：由教材中的式（3-112）和式（3-113），对中心对称的衍射物体分布 $A(\rho,\beta)$，可得极坐标系中二维傅里叶变换和反变换公式分别为

$$a(f_\rho,\mu) = \int_0^{2\pi}\int_0^\infty A(\rho,\beta)\exp[-j2\pi\rho f_\rho\cos(\mu-\beta)]\rho\,d\rho\,d\beta = a_c(f_\rho,\mu) - ja_s(f_\rho,\mu)$$

$$a(f_\rho,\mu+\pi) = \int_0^{2\pi}\int_0^\infty A(\rho,\beta)\exp[-j2\pi\rho f_\rho\cos(\mu-\beta+\pi)]\rho\,d\rho\,d\beta$$
$$= a_c(f_\rho,\mu+\pi) + ja_s(f_\rho,\mu+\pi)$$

且其实部和虚部分量分别满足

$$a_c = \iint A(\rho,\beta)\cos[2\pi\rho f_\rho \cos(\mu-\beta)]\rho\,d\rho\,d\beta$$

$$a_c(\pi) = \iint A(\rho,\beta)\cos[2\pi\rho f_\rho \cos(\mu-\beta+\pi)]\rho\,d\rho\,d\beta = a_c$$

$$a_s = -\iint A(\rho,\beta)\sin[2\pi\rho f_\rho \cos(\mu-\beta)]\rho\,d\rho\,d\beta$$

$$a_s(\pi) = -\iint A(\rho,\beta)\sin[2\pi\rho f_\rho \cos(\mu-\beta+\pi)]\rho\,d\rho\,d\beta = -a_s$$

即

$$a_c = a_c(\pi),\ a_s = -a_s(\pi)$$

所以，$|a(f_\rho,\mu+\pi)|^2 = |a(f_\rho,\mu)|^2$，即任意中心对称物体的夫琅和费衍射辐照度分布都具有中心对称性。

3.11 光谱范围为 400 ~ 700 nm 的可见光经光栅衍射后被展成光谱。

(1) 若光栅常数 $d = 2\ \mu m$，求一级光谱的衍射角范围。

(2) 欲使一级光谱的线范围为 50 mm，应选用多大焦距的透镜？

(3) 可见光的一级光谱与二级光谱、二级光谱与三级光谱会不会重叠？

【解题思路及提示】 本题考查的是光栅衍射中的光栅方程、光栅的衍射角、光栅色散和光栅的光谱分析实际应用，难度较大。解题的关键：理解光栅衍射的基本概念和光栅方程，将已知条件代入光栅方程，分析其各级光谱的衍射范围，以及不同光栅常数所对应的衍射角范围；当采用透镜收集光谱时，利用小角度近似和衍射光谱的线范围与光谱的角宽度成正比的关系来求得透镜焦距；通过计算各级（相邻级）光谱衍射角范围，并对其进行比较分析，可以获得相邻级光谱的重叠情况。

解：(1) 应用一级光栅方程，有 $\sin\theta_1 = \dfrac{\lambda}{d}$，代入数据求解。

一级衍射角为

$$11.5° \leq \theta_1 \leq 20.5°$$

一级衍射角的衍射范围为

$$\Delta\theta = 9°$$

(2) 由 $\Delta d = f \cdot \Delta\theta$，解得透镜的焦距为

$$f = \frac{\Delta d}{\Delta\theta} = 293.37\ \text{mm}$$

(3) 应用二级光栅方程和三级光栅方程，有 $\sin\theta = \dfrac{m\lambda}{d}\ (m=2,3)$，代入数据，解得二级光谱衍射角范围和三级光谱衍射角范围分别为

$$23.6° \leq \theta_2 \leq 44.4°$$

$$36.9° \leq \theta_3 \leq 90°$$

可知，一级光谱与二级光谱不重叠，二级光谱与三级光谱重叠。

3.12 用宽度为 50 mm，每毫米有 500 条刻线的光栅来分析汞光谱。已知汞的谱线有：$\lambda_1 = 404.7$ nm，$\lambda_2 = 435.8$ nm，$\lambda_3 = 491.6$ nm，$\lambda_4 = 546.1$ nm，$\lambda_5 = 577$ nm，$\lambda_6 = 579$ nm 等，假设照明光正入射。

（1）试求一级光谱中上述各谱线的角距离。
（2）试求一级光谱中汞绿线（λ_4）附近的角色散。
（3）用此光栅能否分辨一级光谱的两条汞黄线（λ_5, λ_6）？
（4）用此光栅最多能观察到 λ_6 的几级光谱？

【解题思路及提示】 本题考查的是光栅衍射中的光栅方程、衍射谱线的角距离、角间距、角色散、光栅的分辨本领和最大衍射级，以及光栅的色散及其在光谱分析中的实际应用，难度较大。解题的关键：理解光栅衍射的基本概念和光栅方程，将已知条件代入光栅方程，分析一级光谱谱线的角距离和不同波长的角间距；对于确定的衍射光谱，可以利用角色散公式进行直接求解；利用光栅的分辨本领公式，可以计算最小分辨波长差，从而分析相邻谱线是否大于最小可分辨波长差；利用光栅最大衍射级来分析光栅最多能观察到特定波长的光谱级次。

解：（1）为求得一级光谱中上述各谱线的角距离，需要先求各条谱线的一级衍射角，再进行相减，应用一级光栅方程，有

$$\sin\theta = \frac{\lambda}{d}$$

即 $\theta = \arcsin(\lambda/d)$，得各谱线的角距离为

$$\Delta\theta_{n,n+1} = \theta_n - \theta_{n+1} = \arcsin(\lambda_{n+1}/d) - \arcsin(\lambda_n/d)$$

依次代入波长数据，解得谱线角间距为

$\Delta\theta_{1,2} = 0.92°$，$\Delta\theta_{2,3} = 1.64°$，$\Delta\theta_{3,4} = 1.62°$，$\Delta\theta_{4,5} = 0.89°$，$\Delta\theta_{5,6} = 0.09°$

（2）一级光谱中汞绿线（λ_4）附近的角色散为

$$D_A = \frac{m}{d\cos\theta} = \frac{m}{d\sqrt{1-\sin^2\theta}} = \frac{1}{\sqrt{d^2 - \lambda^2}} = 0.52 \times 10^{-3} \text{ rad/nm}$$

（3）光栅得分辨本领为

$$RP = \frac{\bar{\lambda}}{\delta\lambda} = mN \quad (\bar{\lambda} \text{应取钠黄光平均波长 578 nm})$$

最小分辨波长差为

$$\delta\lambda = \frac{\bar{\lambda}}{RP} = 0.023\ 12 \text{ nm}$$

故可以分辨一级光谱的两条汞黄线。

(4) 当 $\sin\theta = 1$ 时，干涉级 $m = \dfrac{d\sin\theta}{\lambda}$ 最大。此时，干涉级 $m = d/\lambda = 3.45$，因此最多能观察到 λ_6 的三级光谱。

3.13 试用傅里叶变换法导出斜入射时光栅干涉图形的强度分布公式和光栅方程。

【解题思路及提示】 本题考查的是光栅的夫琅和费衍射积分公式，以及光栅的夫琅和费衍射图形的规律和特点。本题为课后数学推导题，难度中等。解题的关键是通过衍射光栅复振幅透射系数的表达和夫琅和费衍射积分，利用傅里叶变换的特点，获得光栅的夫琅和费衍射图形分布。通过讨论其强度主极大，即可获得光栅方程。

解：斜入射的光栅透射系数可表示为

$$g(\xi) = \left[\frac{1}{d}\exp\left(j2\pi\frac{\sin\beta}{\lambda}\xi\right)\mathrm{rect}\left(\frac{\xi}{a}\right) \otimes \mathrm{comb}\left(\frac{\xi}{d}\right)\right] \cdot \mathrm{rect}\left(\frac{\xi}{Nd}\right)$$

其傅里叶变换为

$$G(f_\xi) = aNd\,\mathrm{sinc}\left[a\left(f_\xi - \frac{\sin\beta}{\lambda}\right)\right]\mathrm{comb}\left[d\left(f_\xi - \frac{\sin\beta}{\lambda}\right)\right] \otimes \mathrm{sinc}(Ndf_\xi)$$

空间频率为

$$f_\xi = \frac{\sin\theta}{\lambda} = \frac{\Delta\varphi}{2\pi d}$$

将其代入斜入射的光栅透射系数的傅里叶变换，经整理，得斜入射的光栅透射系数的傅里叶变换为

$$G(f_\xi) = aN\,\mathrm{sinc}\left[a\left(\frac{\Delta\varphi}{2\pi d} - \frac{\sin\beta}{\lambda}\right)\right]\sum_{m=-\infty}^{\infty}\mathrm{sinc}\left[N\left(\frac{\Delta\varphi}{2\pi} - \frac{d\sin\beta}{\lambda} - m\right)\right]$$

得出斜入射时光栅夫琅和费衍射的复振幅和辐照度分布分别为

$$E(P) = CG(f_\xi)$$
$$= CaN\,\mathrm{sinc}\left[a\left(\frac{\Delta\varphi}{2\pi d} - \frac{\sin\beta}{\lambda}\right)\right]\sum_{m=-\infty}^{\infty}\mathrm{sinc}\left[N\left(\frac{\Delta\varphi}{2\pi} - \frac{d\sin\beta}{\lambda} - m\right)\right]$$

$$L(P) = |C|^2 a^2 N^2 \mathrm{sinc}^2\left[a\left(\frac{\Delta\varphi}{2\pi d} - \frac{\sin\beta}{\lambda}\right)\right]\left\{\sum_{m=-\infty}^{\infty}\mathrm{sinc}\left[N\left(\frac{\Delta\varphi}{2\pi} - \frac{d\sin\beta}{\lambda} - m\right)\right]\right\}^2$$

获得强度主极大时，

$$\frac{\Delta\varphi}{2\pi} - \frac{d\sin\beta}{\lambda} - m = 0$$

将 $\dfrac{\sin\theta}{\lambda} = \dfrac{\Delta\varphi}{2\pi d}$ 代入上式，得光栅方程为

$$d(\sin\theta - \sin\beta) = m\lambda$$

3.14 试证明斜入射时光栅的亮纹宽度及缺级条件与正入射时相同。

【解题思路及提示】 本题考查的是光栅的夫琅和费衍射积分公式，以及光栅的夫琅和费衍射图形的规律和特点。本题为课后数学推导题目，难度中等。解题的关键是写出不同的入射光（正入射和倾斜入射）的描述以及衍射光栅复振幅透射系数的表达，利用夫琅和费衍射积分和傅里叶变换计算的简化，从而获得光栅的夫琅和费衍射图形分布。通过讨论其强度极大值、极小值，获得衍射图案的亮纹宽度；通过讨论其缺级条件，发现其不依赖入射光的倾斜角度。

证明：设入射角为 β，则其复振幅透射系数可表示为

$$g(\xi) = \left[\frac{1}{d}\exp\left(j2\pi\frac{\sin\beta}{\lambda}\xi\right)\mathrm{rect}\left(\frac{\xi}{a}\right)\otimes\mathrm{comb}\left(\frac{\xi}{d}\right)\right] \cdot \mathrm{rect}\left(\frac{\xi}{Nd}\right)$$

其傅里叶变换为

$$G(f_\xi) = aNd\,\mathrm{sinc}\left[a\left(f_\xi - \frac{\sin\beta}{\lambda}\right)\right]\mathrm{comb}\left[d\left(f_\xi - \frac{\sin\beta}{\lambda}\right)\right] \otimes \mathrm{sinc}(Ndf_\xi)$$

$$= aN\,\mathrm{sinc}\left[a\left(\frac{\Delta\varphi}{2\pi d} - \frac{\sin\beta}{\lambda}\right)\right]\sum_{m=-\infty}^{\infty}\mathrm{sinc}\left[Nd\left(\frac{\Delta\varphi}{2\pi d} - \frac{\sin\beta}{\lambda} - \frac{m}{d}\right)\right]$$

光栅亮纹条件为

$$\frac{\Delta\varphi}{2\pi d} - \frac{\sin\beta}{\lambda} - \frac{m}{d} = 0$$

$$\Delta\varphi = 2m\pi + \frac{2\pi d\sin\beta}{\lambda}$$

光栅暗纹条件为

$$Nd\left(\frac{\Delta\varphi}{2\pi d} - \frac{\sin\beta}{\lambda} - \frac{m}{d}\right) = L$$

$$\Delta\varphi = 2m\pi + \frac{2\pi d\sin\beta}{\lambda} + \frac{2\pi L}{N}$$

（1）将亮纹宽度取 $m=1$，求得零级亮纹到旁边第一个暗纹（$L=1$）的位相宽度为

$$\delta\Delta\varphi = b = 2\pi/N$$

（2）缺级条件。

干涉主亮纹条件为

$$\Delta\varphi = 2m\pi + \frac{2\pi d\sin\beta}{\lambda}$$

单缝衍射零点条件为

$$a\left(\frac{\Delta\varphi'}{2\pi d} - \frac{\sin\beta}{\lambda}\right) = N$$

$$\Delta\varphi' = \frac{2\pi dN}{a} + \frac{2\pi d\sin\beta}{\lambda}$$

缺级时,

$$\Delta\varphi = \Delta\varphi'$$

即

$$2m\pi = \frac{2\pi dN}{a}$$

得缺级条件为

$$m_{缺} = \frac{d}{a}N$$

3.15 有一衍射光栅,缝数 $N = 6$,缝距与缝宽之比 $d/a = 2$。

(1) 试求前四级主极大与零级主极大强度之比。
(2) 试求主亮纹半宽度(以 $\sin\theta/\lambda$ 表示)。
(3) 画出干涉图的强度分布曲线(横坐标取 $\sin\theta/\lambda$)。

【解题思路及提示】 本题是关于光栅衍射实际应用的问题,考查的是光栅夫琅和费衍射中的衍射场分布规律和光栅方程、光栅衍射图案分布特点,包括衍射图案不同部位的强度关系和主亮纹的宽度,难度中等。解题的关键是理解光栅衍射基本概念和光栅方程,将已知条件代入光栅方程,分析各级主亮纹的位置、主亮纹的相对强度(特别注意缺级条件)和主亮纹半宽度等。

解:(1) 前四级主亮纹的位置分别对应为

$$d\sin\theta = 0, \pm\lambda, \pm2\lambda, \pm3\lambda, \pm4\lambda$$

第 m 级主亮纹的相对强度可表示为

$$\frac{I_m}{I_0} = \mathrm{sinc}^2\left(\frac{a}{d}m\right)$$

由缺级条件 $m_{缺} = \frac{d}{a}NN = 2NN$,可得第二级、第四级为缺级。

前四级主极大与零级主极大强度之比分别为

$$\frac{I_1}{I_0} = \mathrm{sinc}^2\left(\frac{1}{2}\right) = 40.5\%$$

$$\frac{I_3}{I_0} = \mathrm{sinc}^2\left(\frac{3}{2}\right) = 4.5\%$$

由于缺级,故

$$I_2 = I_4 = 0$$

(2) 主亮纹半宽度满足

$$\delta\Delta\varphi = \delta\left(\frac{2\pi}{\lambda}d\sin\theta\right) = \frac{2\pi}{N}, \quad 即 \delta\left(\frac{\sin\theta}{\lambda}\right) = \frac{1}{Nd} = \frac{1}{6d}$$

(3) 如图 3-6 所示，由光栅方程 $d\sin\theta = m\lambda$，得 $\frac{\sin\theta}{\lambda} = \frac{m}{d}$，为亮纹条件，亮纹周期为 $\frac{1}{d}$，衍射中央亮斑内有 3 条亮纹。

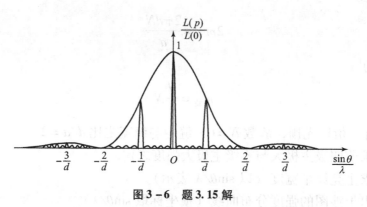

图 3-6 题 3.15 解

3.16 在光栅衍射装置中，若将光栅狭缝隔缝遮盖，试问在某一观察方向上，光栅的分辨本领和色散范围与遮盖前相比有何变化？

【解题思路及提示】 本题考查的是光栅衍射中的光栅方程、光栅的分辨本领、光栅的色散范围和最大衍射级，光栅的分辨本领和色散范围与最大衍射级及光栅缝数的关系，难度中等。解题的关键是理解当光栅隔缝遮挡导致光栅周期（光栅常数）增大为原来的一倍时，光栅缝数将减小为原来的一半。由光栅方程可知，当光栅最大衍射级变大时，光栅的分辨本领不变，色散范围变小。

解：已知在光栅衍射装置中，分辨本领为

$$RP = mN$$

若将光栅狭缝隔缝遮盖，则衍射级 m 增大一倍，缝数 N 减少一半，故分辨本领 RP 不变。

在光栅衍射装置中，色散范围为

$$G = \frac{\lambda}{m}$$

由此可知，若衍射级 m 增大一倍，则色散范围 G 将缩小一半。

3.17 有一透射式阶梯光栅由 30 块玻璃（$n = 1.5$）平行平板组成。已知阶梯宽度 $e = 10$ mm，阶梯高度 $d = 1$ mm，并在波长 $\lambda = 500$ nm 附近使用，试求：

(1) 在 $\theta = 30°$ 衍射方向上的干涉级。

(2) 该衍射方向能分辨的最小波长差和色散范围。

【解题思路及提示】 本题考查的是透射式阶梯光栅的衍射性质、分辨率和色散范围，难度中等。解题的关键是理解光栅衍射的基本概念，由某个方向上衍射光场同相增强，从而获得其极大值的条件，即为干涉级。分析透射式阶梯光栅的光谱分辨本领，根据定义求得最小波长差和色散范围。

解：（1）透射式阶梯光栅在 θ 衍射方向上的光程差为

$$\Delta(\theta) = ne + d\sin\theta - e\cos\theta = m\lambda$$

代入数据，解得干涉级为

$$m = 13\,679$$

（2）分辨的最小波长差和色散范围分别为

$$\delta\lambda = \frac{\lambda}{mN},\ G = \lambda/m$$

代入数据，解得该衍射方向能分辨的最小波长差为 $\delta\lambda = 0.001\,2$ nm，色散范围为 $G = 0.003\,7$ nm。

3.18 复色光垂直照射一闪耀光栅，如图 3-7 所示。设光栅常数 $d = 4$ μm，闪耀角 $\alpha = 10°$，

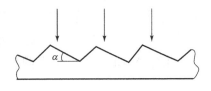

图 3-7 题 3.18 图

（1）试求干涉零级和衍射零级的方位角，并在图中大致画出它们的方向。

（2）此光栅对什么波长的光波在二级光谱上闪耀？

【解题思路及提示】 本题考查的是闪耀光栅的衍射性质和光栅方程，难度较小。解题的关键是理解光栅衍射的基本概念，由干涉零级主极大可以推导出光栅方程，根据入射角可以获得干涉零级的方向，由闪耀光栅特点可以获得衍射零级主极大的方向。

解：（1）如图 3-8 所示，在闪耀光栅中定义入射角 β 为入射光波与光栅宏观平面 P 的法线 BN 之间的夹角，衍射角 θ 为衍射光波与光栅平面 P 的法线 BN 之间的夹角，干涉零级主极大满足 $\sin\beta + \sin\theta = 0$，且垂直入射时由 $\beta = 0°$ 得干涉零级的方向 $\theta_{干} = 0°$，衍射零级主极大方向 $\theta_{衍} = 2\alpha - \beta = 20°$。

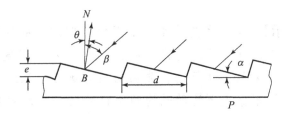

图 3-8 题 3.18 解

（2）闪耀波长满足 $2d\sin\alpha\cos(\alpha-\beta) = m\lambda$，当 $m = 2$ 时，解得 $\lambda = 684$ μm，即光栅对波长为 $\lambda = 684$ μm 的光波在二级光谱上闪耀。

3.19 用旋转晶体法测量 NaCl 晶体晶面间距的装置简图如图 3-9 所示。R 是 X 射线管，S 是有一狭缝的铅质光阑，C 是可以绕 O 处轴线（垂直于图面）转动的待测晶体，P 是一圆弧状感光胶片，其圆心在 O 点。测量时，转动晶体 C，使 β 角自零开始增大，发现在 $\beta = 15°53'$ 对应的方向上第一次出现主亮纹。已知 X 射线的波长 $\lambda = 0.15$ nm，试求平行于晶体表面的晶面间距。

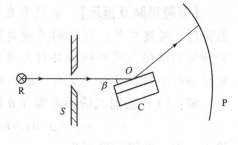

图 3-9 题 3.19 图

【解题思路及提示】 本题考查的是三维光栅的布拉格条件，以及其在实际的晶面间距测量中的应用，难度中等。解题的关键是理解三维光栅衍射的基本概念，由三维光栅形成衍射强度的主极大条件（即布拉格条件），将已知条件代入，即可获得三维光栅的周期（晶面间距）。

解：NaCl 晶体三维光栅形成衍射强度的主极大值的条件（布拉格条件）是

$$2d\sin\beta = m\lambda$$

当第一次出现主亮纹时，$m = 1$，$\beta = 15°53'$，代入布拉格条件，解得平行于晶体表面的晶面间距为

$$d = 0.274 \text{ nm}$$

3.20 如图 3-10 所示，一束频率为 ω_0 的平面光波正入射到空间周期为 d 的余弦光栅上，在置于透镜后焦面处的屏 Π 上得到其频谱——三个亮点。现在，使光栅以速度 v 沿 ξ 方向匀速运动，并假设光栅足够长，试问：

(1) 屏 Π 上的衍射图形有无变化？

(2) 到达屏 Π 上各光波的时间频率为何值？

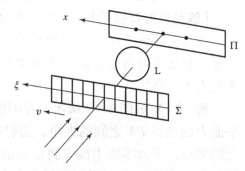

图 3-10 题 3.20 图

【解题思路及提示】 本题考查的是余弦振幅光栅的衍射性质、衍射方程以及光栅运动时的多普勒效应（光栅衍射波的频率发生平移），难度较大。解题的关键是理解余弦振幅光栅衍射的基本概念，先由衍射光场各级亮纹的光栅方程来获得某一级次的衍射角，再根据光栅运动时的频率移动（多普勒效应）来分析其衍射级次亮纹图案的变化特性。

解：(1) 静止时，余弦振幅光栅的各级亮纹位置由

$$d\sin\theta = m\lambda$$

决定。由题可得，± 1 级亮点相对于零级亮点对称，± 1 级衍射角为

$$\sin\theta = \pm\frac{\lambda}{d} = \pm\frac{c}{d\nu_0} = \pm\frac{2\pi c}{d\omega_0}$$

光栅运动时，类比教材中介绍的超声光栅和声光效应，可得光栅在运动时，±1 级衍射波的频率变为 $\nu_0 \pm \frac{v}{d}$。所以，光栅运动时，衍射图形仍为三个亮点，但是±1 级亮点相对于零级亮点不对称，±1 级衍射角为

$$\sin\theta_{+1} = \frac{c}{d\left(\nu_0 + \dfrac{v}{d}\right)} = \frac{2\pi c}{d\left(\omega_0 + \dfrac{2\pi v}{d}\right)}$$

$$\sin\theta_{-1} = \frac{c}{d\left(\nu_0 - \dfrac{v}{d}\right)} = \frac{2\pi c}{d\left(\omega_0 - \dfrac{2\pi v}{d}\right)}$$

±1 级亮点位置为

$$x_{+1} = f\sin\theta_{+1}, \quad x_{-1} = f\sin\theta_{-1}$$

（2）到达观察屏时，三个光波的时间频率分别是

$$\frac{\omega_0}{2\pi}, \quad \frac{\omega_0}{2\pi} + \frac{v}{d}, \quad \frac{\omega_0}{2\pi} - \frac{v}{d}$$

即多普勒移频技术。

3.21 应用式（3-16）（教材），计算圆孔菲涅尔衍射沿轴上考察点的辐照度分布。（设圆孔半径为 ε，用波长为 λ 的平面波垂直照射）

【解题思路及提示】 本题考查的是菲涅尔衍射积分公式推导轴上考察点的光场强度（辐照度）分布特点。本题为课后数学推导题，难度中等。解题的关键是对轴上考察点坐标的代入和衍射积分公式的简化，从而求出轴上任意一点的光场强度（辐照度）分布。对照采用波带板分析菲涅尔衍射的光场，可以得出一致的结果。

解：在菲涅尔衍射积分公式中，轴上点的复振幅分布为

$$E(0,0) = \frac{\exp(jkd)}{j\lambda d}\iint_{-\infty}^{\infty}A(\xi,\eta)\exp\left[j\frac{k}{2d}(\xi^2+\eta^2)\right]d\xi d\eta$$

对圆孔而言

$$A(\xi,\eta) = A(\rho) = \operatorname{circ}\left(\frac{\rho}{\varepsilon}\right)$$

因此，在极坐标中轴上点的复振幅分布为

$$E(0,0) = \frac{\exp(jkd)}{j\lambda d}\int_0^{2\pi}\int_0^{\varepsilon}\exp\left(j\frac{k}{2d}\rho^2\right)\rho\,d\rho\,d\beta$$

$$= -\exp(jkd)\int_0^{\varepsilon}\exp\left(j\frac{k}{2d}\rho^2\right)d\left[\exp\left(j\frac{k}{2d}\rho^2\right)\right]$$

$$= -2\text{jexp}(jkd)\exp\left(j\frac{k}{4d}\varepsilon^2\right)\sin\left(\frac{\pi\varepsilon^2}{2\lambda d}\right)$$

辐照度为

$$L(0) = 4\sin^2\left(\frac{\pi\varepsilon^2}{2\lambda d}\right)$$

当 $\frac{\varepsilon^2}{2\lambda d} = N$（$N$ 为整数）时，$L(0) = 0$，轴上考察点为暗点；当 $\frac{\varepsilon^2}{2\lambda d} = N + \frac{1}{2}$ 时，$L(0) = 4$，轴上考察点为亮点。

3.22 波长 $\lambda = 625$ nm 的单色平面波垂直照明半径 $\varepsilon = 2.5$ mm 的圆孔，设轴上考察点 P_0 至圆孔的距离 $d_0 = 500$ mm。

（1）试求圆孔内所包含的半波带数。

（2）试问这时 P_0 点的光强为何？

【解题思路及提示】 本题考查的是菲涅尔半波带分析方法及其实际应用，难度中等。解题的关键是理解菲涅尔半波带分析方法的基本概念，利用圆孔的半径和波长以及距离的关系，计算出圆孔内包含半波带的数目。如果是偶数，则轴上点光强为零；如果是奇数，则轴上点光强为 I_1（亮斑）。

解：（1）圆孔内包含的半波带数 $M = \frac{\varepsilon^2}{\lambda d_0} = 20$。

（2）由于 M 为偶数，故 P 点的光强 $I(P) = 0$。

3.23 如果对衍射场中的一点 P，有

$$|E_\Sigma(P)| = |E_\infty(P)|$$

这时，$|E_{\Sigma'}(P)|$ 是否一定为 0？为什么？（Σ' 是 Σ 的互补屏）。

【解题思路及提示】 本题考查的是光场的复振幅分布，为学习菲涅尔波带板分析法和巴比内原理的结合打下基础，难度中等。解题的关键是理解光场的复振幅分布不仅有振幅分布，还有相位分布。例如，两个互补屏的振幅相等（除中心点外）。通常，当振幅分布相等时，其相位分布有无限种可能。

解：不一定。虽然 $|E_\Sigma(P)| = |E_\infty(P)|$，但是 $E_\Sigma(P) - E_\infty(P)$ 不一定为 0。由于 $E_{\Sigma'}(P) = E_\Sigma(P) - E_\infty(P)$，因此 $|E_{\Sigma'}(P)|$ 不一定为 0。

3.24 在菲涅尔圆孔衍射中，假设照明光是正入射的平面波。试问轴上观察点的辐照度是否会与没有光阑时的辐照度相同？说明理由。求出这种情形的最小圆孔半径。（用 d_0、λ 表示）

【解题思路及提示】 本题考查的是轴上点的菲涅尔衍射辐照度（光场）分布，难度中等。解题的关键是理解轴上菲涅尔衍射的辐照度分布及其特点，欲使辐照度为某一确定值，则必须满足某些特定条件。

解：由题 3.21 可知，轴上观察点的辐照度为

$$L = 4\sin^2\left(\frac{\pi\varepsilon^2}{2\lambda d_0}\right)$$

一般情况下，轴上观察点的辐照度与没有光阑时的辐照度不相同。

欲使轴上观察点的辐照度与没有光阑时的辐照度相同，可设

$$4\sin^2\left(\frac{\pi\varepsilon^2}{2\lambda d_0}\right) = 1, \quad 即 \sin\left(\frac{\pi\varepsilon^2}{2\lambda d_0}\right) = \frac{1}{2}$$

即最小圆孔半径 ε_m 满足

$$\frac{\pi\varepsilon_m^2}{2\lambda d_0} = \frac{\pi}{6}$$

解得，最小圆孔半径为

$$\varepsilon_m = \sqrt{\frac{1}{3}\lambda d_0}$$

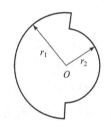

图 3-11 题 3.25 图

3.25 如图 3-11 所示，衍射孔左右各为一个半圆，半径分别为 $r_1 = 1.414$ mm 和 $r_2 = 1$ mm。若用波长 $\lambda = 500$ nm、强度 $I_0 = 50$ W/m² 的单色平行光垂直照明该衍射孔，试问与其相距 2 m 远的轴上点 P_0 处的光强为何值？

【解题思路及提示】 本题考查的是菲涅尔半波带分析方法在实际情况中的应用，难度中等。解题的关键是理解菲涅尔半波带分析方法的基本概念，分别对左半圆和右半圆进行分析并计算它们的半波带数及其左右半圆贡献的复振幅分布情况，再根据复振幅叠加的原理获得总复振幅分布，最后根据强度的定义即可直接得到结果。

解：对左半部分，包含的半波带数为 $M_1 = \frac{r_1^2}{\lambda d_0} = 2$，则 $E_{左} = 0$。

对右半部分，包含的半波带数为 $M_2 = \frac{r_2^2}{\lambda d_0} = 1$，则

$$E_{右} = \frac{1}{2}\left[\frac{1}{2}(E_1 + E_1)\right] = \frac{1}{2}E_1 = E_0$$

因此，$I(P_0) = I_0 = 50$ W/m²。

3.26 有一半径为 2 mm 的小圆屏被强度为 I_0、波长 $\lambda = 500$ nm 的平面波垂直照明。试求与小圆屏相距 2 m 远的轴上点 P_0 处的光强大小。

【解题思路及提示】 本题考查的是巴比内互补屏原理和菲涅尔半波带分析方法，难度中等。解题的关键是理解菲涅尔半波带分析方法的基本概念，先利用巴比内原理找到圆屏相应的互补圆孔，再根据圆孔的半径和波长以及距离的关系来计算圆孔内包含半波带的数目。

解：由巴比内原理，有 $E_{\Sigma'}(P_0) = E_\infty(P_0) - E_\Sigma(P_0) = -\dfrac{E_M}{2}$，此时包含的半波带数

$$M = \frac{\varepsilon^2}{\lambda d_0} = 4$$

所以，与小圆屏相距 2 m 远的轴上点 P_0 处的复振幅为

$$E_{\Sigma'}(P_0) = -\frac{E_4}{2} \approx -\frac{E_1}{2} = -E_\infty(P_0) = -E_0$$

光强为

$$I(P_0) = |E_{\Sigma'}|^2 = |-E_0|^2 = I_0$$

3.27 如图 3-12 所示为两个球面波干涉装置，S_1 和 S_2 是位于 z 轴上两个相距 l 的单色点光源，位置坐标分别为 $(0, 0, z_1)$ 和 $(0, 0, z_2)$，发射波长为 λ、振幅为 E_0 的相干球面波，在 xOy 平面记录。

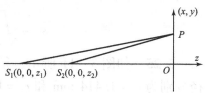

图 3-12 题 3.27 图

(1) 说明这样记录的干涉图形构成一个菲涅尔波带板，并求出此波带板的焦距。

(2) 设波带板半径 $\rho = 10$ mm，光波长 $\lambda = 0.5$ μm，照相底片分辨率 $f = 100$ 线/mm。为清晰记录全部环带，试求 S_2 的位置坐标 $|z_2|$ 的最小值。

【解题思路及提示】 本题考查的是两球面波干涉和菲涅尔透镜的基本概念和应用，难度较大。本题一方面复习巩固了第 2 章的两个球面波的干涉，另一方面介绍了一种实现菲涅尔波带板（透镜）的记录方法及其点光源设计要求，是一道综合题，为实际设计和获得菲涅尔波带板列举了一个简单实例。解题的关键是分别写出两个单色点光源的复振幅分布，由干涉原理来获得其干涉条纹的强度（辐照度）分布，由亮纹条件来获得菲涅尔透镜的亮纹位置。由于两条亮纹之间有两个半波带，根据菲涅尔半波带的基本方法，即可求得各级轴向亮点所在的空间位置，即菲涅尔波带板（透镜）的焦点（焦距），菲涅尔透镜具有多个焦点；由照相底片的分辨率可以求得可记录的最小空间周期；由两个点光源在最边缘处干涉条纹的最小值不得小于材料允许的最小空间周期，可以求得另一个点光源的距离。

解：(1) 在 xOy 平面上，两个单色点光源的复振幅分布分别为

$$E_1 = E_0 \exp\left[j\frac{k}{2|z_1|}(x^2 + y^2)\right]$$

$$E_2 = E_0 \exp\left[j\frac{k}{2|z_2|}(x^2 + y^2)\right]$$

在 xOy 平面上干涉后的总复振幅分布为

$$E = E_1 + E_2$$

总辐照度为

$$I = E \cdot E^* = E_0^2 \left\{ 2 + 2\cos\left[\frac{k}{2} \frac{|z_1| - |z_2|}{|z_1 z_2|} (x^2 + y^2)\right] \right\}$$

因此，亮纹条件为

$$\frac{k}{2} \frac{|z_1| - |z_2|}{|z_1 z_2|} (x^2 + y^2) = \frac{k}{2} \frac{|z_1| - |z_2|}{|z_1 z_2|} \rho^2 = \frac{\pi}{\lambda} \frac{|z_1| - |z_2|}{|z_1 z_2|} \rho^2 = 2M\pi$$

解得

$$\rho = \sqrt{\frac{2|z_1 z_2| \lambda}{|z_1| - |z_2|}} \sqrt{M}$$

相邻亮纹之间包含两个半波带，即 $M = \dfrac{N}{2}$，于是

$$\rho_N = \sqrt{\frac{|z_1 z_2| \lambda}{|z_1| - |z_2|}} \sqrt{N}$$

式中，$\rho = \sqrt{x^2 + y^2}$；M、N 为正整数。

类比 $h_N = \sqrt{d_0 \lambda} \sqrt{N}$，可得这样记录的干涉图形构成一个菲涅尔波带板（透镜），其焦距为

$$d_0 = \frac{|z_1 z_2|}{|z_1| - |z_2|}$$

（2）由波带板半径 $\rho_N = \sqrt{\dfrac{|z_1 z_2| \lambda}{|z_1| - |z_2|}} \sqrt{N} = 10$，即 $\sqrt{\dfrac{|z_1 z_2| \lambda}{|z_1| - |z_2|}} = \dfrac{10}{\sqrt{N}}$，且最小分辨距离为

$$e = \rho_N - \rho_{N-1} = \sqrt{\frac{|z_1 z_2| \lambda}{|z_1| - |z_2|}} (\sqrt{N} - \sqrt{N-1}) = 0.01$$

得

$$\frac{10}{\sqrt{N}} (\sqrt{N} - \sqrt{N-1}) = 0.01$$

解得

$$N = 500$$

代入波带板半径公式：

$$\rho_{500} = \sqrt{\frac{|z_1 z_2|\lambda}{|z_1| - |z_2|}}\sqrt{500} = 10$$

解得，S_2 的位置坐标 $|z_2|$ 的最小值为

$$z_2 = -133.3 \text{ mm}$$

3.28 有一菲涅尔波带板，其上各环带的半径规律为 $h_N = \sqrt{N}h_1$。试证明当单色平面波垂直照明该波带板时，除了在轴上 $d_0 = h_1^2/\lambda$ 处出现亮点外，在 $d_0/3$、$d_0/5$ 等处也会出现强度较弱的亮点。

【解题思路及提示】 本题考查的是菲涅尔半波带的分析方法及菲涅尔透镜具有多个焦点的特点，难度中等。解题的关键是直接采用菲涅尔半波带的分析方法来列出相邻波带的光程差计算式，并进行数学近似，发现对轴上的多个点均可实现衍射加强，即出现亮点。距离越近，其波带板数目越多，其亮点强度就越弱。

证明：当单色平面波垂直照明波带板时，有

$$r_N = d_0 + \frac{N\lambda}{2}, \quad OP_0 = d_0, \quad OP_{1/k} = \frac{d_0}{k}$$

$\Delta r_N' = r_N' - r_{N-1}'$ 表示第 N 带和第 $N-1$ 带到 $P_{\frac{1}{k}}$ 点的光程差，$d_0 \gg N\lambda$

$$\Delta r_N' = \sqrt{\left(\frac{d_0}{k}\right)^2 + Nd_0\lambda} - \sqrt{\left(\frac{d_0}{k}\right)^2 + (N-1)d_0\lambda}$$

$$= \sqrt{\left(\frac{d_0}{k} + \frac{Nk\lambda}{2}\right)^2 - \left(\frac{Nk\lambda}{2}\right)^2} - \sqrt{\left(\frac{d_0}{k} + \frac{(N-1)k\lambda}{2}\right)^2 - \left(\frac{(N-1)k\lambda}{2}\right)^2}$$

$$\approx \left[\frac{d_0}{k} + \frac{Nk\lambda}{2}\right] - \frac{\left(\frac{Nk\lambda}{2}\right)^2}{2\left(\frac{d_0}{k} + \frac{Nk\lambda}{2}\right)} - \left[\frac{d_0}{k} + \frac{(N-1)k\lambda}{2}\right] + \frac{\left[\frac{(N-1)k\lambda}{2}\right]^2}{2\left[\frac{d_0}{k} + \frac{(N-1)k\lambda}{2}\right]}$$

$$\approx \frac{k}{2}\lambda$$

由此说明，对 $P_{\frac{1}{k}}$ 来说，相邻环带的位相差为 $k\pi$，因此在 $d_0/3$、$d_0/5$ 等处也会出现亮点，具体强度分析可见教材中 3.4.2.3 节菲涅尔波带板的傅里叶分析。

3.29 一波带板将正入射的单色平行光聚焦在与板相距为 1.2 m 的 P_0 点处。假设波长 $\lambda = 630$ nm：

(1) 试求第 10 个半波带的半径。

(2) 若用此波带板对位于 2 m 远的点光源成像，试问像位在何处？

【解题思路及提示】 本题考查的是菲涅尔半波带的分析方法和菲涅尔透镜物像关系的性质，难度中等。解题的关键是理解菲涅尔半波带的分析方法的基本概

念，已知半波带数、波长和轴向距离，可直接计算出圆孔最外层的半径大小。根据菲涅尔透镜的物像关系，代入公式即可求得其像的位置。

解：（1）由波带板半径的基本关系式可知，波带板自中心向外第 N 个环的外圆半径为

$$h_N = \sqrt{N}h_1 = \sqrt{N}\sqrt{\lambda d_0}$$

代入数据，解得 10 个半波带的半径为

$$h_{10} = \sqrt{10}\sqrt{630 \times 10^{-6} \times 1.2 \times 10^3} = 2.75 \text{ mm}$$

（2）借透镜成像公式 $\dfrac{1}{l} + \dfrac{1}{l'} = \dfrac{1}{d_0}$，代入数据，得成像位置为 $l' = 3$ m 处。

3.30 用一波带板对无限远处的点光源成像。

（1）若要求像点的光强是光自由传播时的 10^3 倍，试问该波带板应包含多少个半波带？

（2）若光波波长 $\lambda = 500$ nm，波带板焦距 $d_0 = 1$ m，试问该波带板的有效半径应为多大？

【解题思路及提示】 本题考查的是菲涅尔波带板的基本概念和应用：相邻波带之间相差 π 的相位，所有偶数（或奇数）波带之间相位是同相。本题是菲涅尔波带板问题的灵活应用，难度中等。若挡住全部偶（奇）数半波带，剩余波带相位为同相，总复振幅是同相叠加。解题的关键是由已知光强来求得半波带的个数；由半波带基本定义公式来求得有效半径的值。

解：（1）挡住全部偶数半波带后，像点的复振幅为

$$E_1 + E_3 + \cdots + E_N \approx (N+1)E_\infty$$

所以，$(N+1)^2 = 1\,000$，解得该波带板应包含的半波带数为

$$N \approx 32$$

（2）由波带板半径的基本关系式可知，波带板自中心向外第 N 个环的外圆半径为

$$h_N = \sqrt{d_0 N \lambda} = \sqrt{1 \times 10^3 \times 32 \times 500 \times 10^{-6}} = 4 \text{ mm}$$

第 4 章
光 的 偏 振

■ 学习目的

知悉和理解光的各向异性、晶体光学的基础、偏振光的基本理论，能够解决晶体光学和偏振光的产生、转换和检验的基本问题。

■ 学习要求

1. 认识光的偏振现象，了解双折射现象。掌握偏振、偏振光、光学各向异性、各向异性介质、双折射的定义，掌握偏振光的分类方法。
2. 掌握偏振光的描述，以及椭圆偏振光、正椭圆偏振光、圆偏振光、线偏振光等完全偏振光的矢量表示法和琼斯矢量表示法，会计算偏振光的强度。
3. 了解晶体中的物质方程；掌握晶体中折射率椭球的概念；能够用折射率椭球分析晶体中（特别是单轴晶体中）光波的传播特点。
4. 了解单轴晶体的折射率面的概念及其与折射率椭球的区别；能够用折射率面分析光波在晶体界面的反射和折射。
5. 掌握线偏器的概念、各种起偏器的结构和原理、马吕斯定律。
6. 掌握波片的概念、作用及原理，能够用矢量分解法和琼斯矩阵法计算和分析偏振光经过波片后的偏振状态。
7. 掌握线偏振光、圆偏振光、椭圆偏振光等完全偏振光的产生和检验方法，能够区分完全偏振光、部分偏振光和自然光。

基本概念和公式

1. 偏振的基本概念

1) 光的偏振

由于光波是横波,因此在垂直于波矢 k 的二维空间中,光波电位移矢量 D 具有不同的振动规律或偏振态,这种现象称为光的偏振。

2) 偏振光

偏振光又称为极化光,是指在垂直于波矢 k 的二维空间中,电位移矢量 D 随时间 t 有规律变化的光波。

3) 光学各向异性

光波在介质中传播时,如果介质对不同振动方向(严格来说是对不同偏振态)的光波呈现不同的性质(如不同吸收系数或折射率等),这样的现象称为光学各向异性。

4) 各向异性介质,各向同性介质

具有光学各向异性的介质称为各向异性介质,与此相反的介质称为各向同性介质。

5) 双折射

狭义双折射是指不同振动方向的光波在各向异性介质中传播时,由于折射率不同而出现传播方向的差异的现象。广义双折射是指由于光波的偏振态不同,以及介质的光学各向异性而造成任何传播特性的差异的现象,或者说,与光波偏振态和介质光学各向异性有关的一切光学现象都称为双折射。

6) 自然光、完全偏振光、部分偏振光

自然光为由普通光源发出的光波,在任意考察点和任意方向上,D 振动方向随时间 t 随机变化,无规律可循。完全偏振光为 D 的振动方向不随时间 t 改变或随时间 t 有规律变化。部分偏振光为偏振光和自然光的混合。

2. 偏振光的矢量描述

偏振光的矢量描述如图 4 – 1 所示。

以沿 $+z$ 方向传播的简谐平面波为例,其电位移矢量 D 在 x、y 方向上的分量为

$$\left. \begin{array}{l} D_x = D_{x0}\cos(kz - \omega t + \varphi_{x0}) \\ D_y = D_{y0}\cos(kz - \omega t + \varphi_{y0}) \end{array} \right\} \quad (4-1)$$

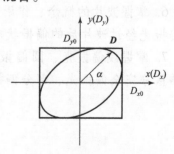

图 4 – 1 偏振光的矢量描述

$$D = D_x \hat{e}_x + D_y \hat{e}_y \qquad (4-2)$$

式中，D_{x0}、D_{y0} 分别是 D_x、D_y 的振幅，φ_{x0}、φ_{y0} 分别是 D_x、D_y 的初位相。当 $D_{x0} = D_{y0}$，$\delta = \varphi_{y0} - \varphi_{x0} = 2m\pi \pm \pi/2$ 时，为圆偏振光；当 $\delta = \varphi_{y0} - \varphi_{x0} = m\pi$ 时，为线偏振光。

3. 偏振光的琼斯矢量描述

$$\hat{D}_0 = \frac{D_0}{\sqrt{I}} = \frac{\exp(j\varphi)_{x0}}{(D_{x0}^2 + D_{y0}^2)^{\frac{1}{2}}} \begin{bmatrix} D_{x0} \\ D_{y0} \exp(j\delta) \end{bmatrix} \qquad (4-3)$$

4. 晶体中的物质方程

在主轴坐标系中，晶体的物质方程可以写成

$$\begin{bmatrix} D_x \\ D_y \\ D_z \end{bmatrix} = \begin{bmatrix} \varepsilon_x & 0 & 0 \\ 0 & \varepsilon_y & 0 \\ 0 & 0 & \varepsilon_z \end{bmatrix} \begin{bmatrix} E_x \\ E_y \\ E_z \end{bmatrix} \qquad (4-4)$$

双轴晶体中的电位移矢量和电场强度的方向关系如图 4-2 所示。

由物质方程可以得到的结论包括：

（1）对一般晶体，当 E 的方向沿主轴坐标时（即只有一个主轴坐标分量时），$D \parallel E$。（如沿着 z 方向入射）

（2）对双轴晶体，$\varepsilon_x \neq \varepsilon_y \neq \varepsilon_z$。已知 E 的分量，可求 D。但 D 与 E 的方向不同，如图 4-2 所示。

（3）对单轴晶体，$\varepsilon_x = \varepsilon_y \neq \varepsilon_z$。$z$ 为光轴方向。

（4）若 $E \perp z$，即 E 垂直于光轴，则 D 和 E 在 xOy 面内重合。

（5）在一般情形，D 和 E 之间有一离散角 ξ，且 D 和 E 在 xOy 平面的投影重合。因为 D、E、K、S 共面，E、B、S 正交，故 D、E、K、$S \perp H$（B）。

（6）对各向同性介质，$\varepsilon_x = \varepsilon_y = \varepsilon_z = \varepsilon$，$D$ 始终与 E 平行。

图 4-2 双轴晶体中电位移矢量和电场强度的方向关系

5. 折射率椭球

折射率椭球（图 4-3）公式为

$$\frac{x^2}{n_x^2} + \frac{y^2}{n_y^2} + \frac{z^2}{n_z^2} = 1$$

式中，x、y、z 的本质为 D_x、D_y、D_z。x、y、z 是空间位置矢量 r 的三个坐标轴分量，r 的方向即 D 矢量的方向。且当 D 的分量 D_x、D_y、D_z 均不为零时，该 D 方向的矢径长度 $|r|$ 就是对应的晶体的折射率 n。

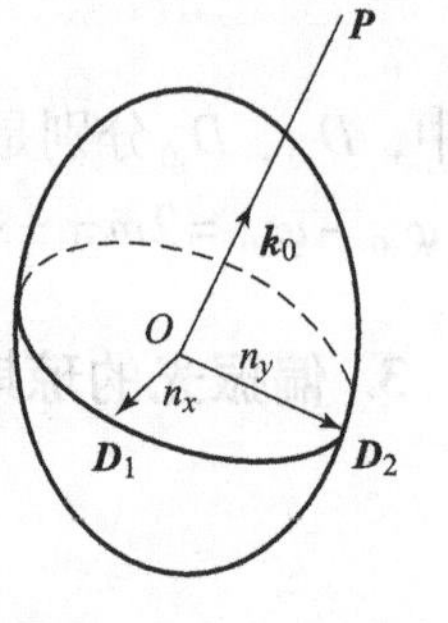

6. 晶体中光波的特点

（1）k 方向确定时，除了 k 平行于光轴等特殊情况外，光波必然是线偏振的，而且 D 的可能方向只有两个。

图 4-3 折射率椭球

（2）不同 D 方向的光波对应的折射率不同。

（3）D 与 E 的方向一般不平行。各矢量方向满足关系：D、E、k、S 共面；$D \perp k$，$E \perp S$；H 和 B 垂直于偏振面。

（4）平面波在晶体中传播时，D 只能沿两个确定的本征偏振方向振动，即折射率椭球 k 交迹椭圆的长短轴方向，而这两个方向的折射率 n_1 和 n_2 称为本征折射率。

（5）当 k 方向改变时，k 交迹椭圆方向和形状变化，本征 D_1 和 D_2 的方向也随之变化，但始终有 $D_1 \perp D_2$。

（6）本征 D_1 始终垂直于 k、D_2 和光轴 z，且本征折射率 n_1 大小不变，称 D_1 为寻常光（或 o 光）。

（7）本征 D_2 垂直于 k 和 D_1，其大小和方向随 k 而变，对应的本征折射率 n_2 也随 k 变化，称 D_2 为异常光（或 e 光）。

7. 线偏器的定义

只让具有一定振动方向的光波通过的光学元件称为线偏器。这个振动方向称为该元件的主方向或透射方向。线偏器的一个重要用途是把自然光变为振动方向平行于主方向的线偏振光。起这个作用的线偏器称为起偏振器，简称起偏器；用于偏振光检验的线偏器称为检偏器。

8. 马吕斯定律

线偏振光射向线偏器时，透射光的光强 I_A 与入射光的光强 I_P，以及振动方向和元件主方向之间的夹角 θ 有关。马吕斯定律给出了具体的规律，即

$$I_A = I_P \cos^2 \theta \tag{4-5}$$

9. 波片

1）波片的概念

在指定的正交本征振动方向上，对入射偏振光引入特定附加位相差 $\Delta\varphi$ 的偏振元件称为波片引入的附加位相差 $\Delta\varphi$ 为

$$\Delta\varphi = \frac{2\pi}{\lambda_0} d(n_e - n_o) \tag{4-6}$$

式中，n_o 和 n_e 分别为 o 光和 e 光的折射率。

2) 常用波片产生的光程差 ΔL 和位相差 $\Delta\varphi$

(1) $\lambda/4$ 波片：

$$\Delta L = d(n_e - n_o) = N\lambda_0 + \frac{1}{4}\lambda_0, \quad \Delta\varphi = 2N\pi + \frac{1}{2}\pi$$

(2) $\lambda/2$ 波片：

$$\Delta L = d(n_e - n_o) = (2N+1)\frac{\lambda_0}{2}, \quad \Delta\varphi = (2N+1)\pi$$

(3) 全波片：

$$\Delta L = d(n_e - n_o) = \pm N\lambda_0, \quad \Delta\varphi = \pm 2N\pi$$

习 题 解 答

4.1 试说明以下几种光波的偏振态：

(1) $D_x = -\sqrt{2}\cos\left(kz - \omega t - \frac{\pi}{4}\right)$；$D_y = 2\sin\left(kz - \omega t + \frac{\pi}{4}\right)$。

(2) $\boldsymbol{D} = \boldsymbol{e}_x D_0 \cos(kz - \omega t) + \boldsymbol{e}_y D_0 \sin(kz - \omega t)$。

(3) $\begin{cases} \boldsymbol{D}_1 = D_0[\boldsymbol{e}_x \sin(kz - \omega t) + \boldsymbol{e}_y \cos(kz - \omega t)] \\ \boldsymbol{D}_2 = D_0[\boldsymbol{e}_x \cos(kz - \omega t) + \boldsymbol{e}_y \sin(kz - \omega t)] \end{cases}$ 及 $\boldsymbol{D}_1$、$\boldsymbol{D}_2$ 的合成波。

【解题思路及提示】 本题考查的是光波偏振的矢量表达，难度较小。解题的关键是根据教材中关于 D_x 和 D_y 的相对位相关系和振幅关系，判断偏振光是椭圆偏振光、线偏振光，还是圆偏振光。注意：回答要全面。如果是线偏振光，则应回答是沿着第一、三象限还是第二、四象限振动；如果是圆偏振光或椭圆偏振光，则应回答是左旋还是右旋。本题的目的是让学生熟悉光波偏振的矢量表达。

解：(1) 已知

$$\boldsymbol{D} = \begin{cases} D_x = \sqrt{2}\cos\left(kz - \omega t + \frac{3\pi}{4}\right) \\ D_y = 2\cos\left(kz - \omega t - \frac{\pi}{4}\right) \end{cases}$$

由于

$$D_{y0}/D_{x0} = \sqrt{2}/2, \quad \delta = \varphi_{y0} - \varphi_{x0} = -\pi$$

所以，**D** 是第二、四象限线偏振光。

（2）已知
$$\mathbf{D} = \mathbf{e}_x D_0 \cos(kz - \omega t) + \mathbf{e}_y D_0 \cos(kz - \omega t - \pi/2)$$

由于
$$D_{y0}/D_{x0} = 1, \quad \delta = \varphi_{y0} - \varphi_{x0} = -\pi/2$$

所以，**D** 是右旋圆偏振光。

（3）已知
$$\mathbf{D}_1 = \mathbf{e}_x D_0 \cos(kz - \omega t - \pi/2) + \mathbf{e}_y D_0 \cos(kz - \omega t)$$

由于
$$D_{y0}/D_{x0} = 1, \quad \delta = \varphi_{y0} - \varphi_{x0} = \pi/2$$

所以，$\mathbf{D}_1$ 是左旋圆偏振光。

已知
$$\mathbf{D}_2 = \mathbf{e}_x D_0 \cos(kz - \omega t) + \mathbf{e}_y D_0 \cos(kz - \omega t - \pi/2)$$

由于
$$D_{y0}/D_{x0} = 1, \quad \delta = \varphi_{y0} - \varphi_{x0} = -\pi/2$$

所以，$\mathbf{D}_2$ 是右旋圆偏振光。

$$\mathbf{D} = \mathbf{D}_1 + \mathbf{D}_2 = \mathbf{e}_x \sqrt{2} D_0 \cos(kz - \omega t - \pi/4) + \mathbf{e}_y \sqrt{2} D_0 \cos(kz - \omega t - \pi/4)$$

由于
$$D_{y0}/D_{x0} = 1, \quad \delta = \varphi_{y0} - \varphi_{x0} = 0$$

所以，**D** 是第一、三象限线偏振光。

4.2 （1）试分别写出沿 z 方向传播的左、右旋圆偏振光的波函数表达式。假设两波的频率均为 ω，振幅分别为：$D_{L0} = D_0$；$D_{R0} = 2D_0$。

（2）试用琼斯矢量说明上述两个圆偏振光叠加后合成的波的偏振态，并画图表示。

【解题思路及提示】 本题考查的是圆偏振光的矢量表达法和琼斯矢量表达法，难度较小。解题的关键是清楚圆偏振光的定义和左旋、右旋的概念，且注意琼斯矢量法的运算，以及能够根据最后合成的结果反推椭圆偏光的偏振状态并作图。本题的目的是让学生熟悉光波偏振的琼斯矢量表达法。

解：（1）沿 z 方向传播的左、右旋圆偏振光的波函数表达式为

$$\mathbf{D}_L = \mathbf{e}_x \frac{\sqrt{2}}{2} D_0 \cos(kz - \omega t) + \mathbf{e}_y \frac{\sqrt{2}}{2} D_0 \cos(kz - \omega t + \pi/2)$$

$$\mathbf{D}_R = \mathbf{e}_x \sqrt{2} D_0 \cos(kz - \omega t) + \mathbf{e}_y \sqrt{2} D_0 \cos(kz - \omega t - \pi/2)$$

（2）上述两个圆偏振光的琼斯矢量为

$$\mathbf{D}_L = \frac{D_0}{\sqrt{2}} \begin{bmatrix} 1 \\ j \end{bmatrix}, \quad \mathbf{D}_R = \frac{2D_0}{\sqrt{2}} \begin{bmatrix} 1 \\ -j \end{bmatrix}$$

叠加后的琼斯矢量为

$$D = D_L + D_R = \frac{D_0}{\sqrt{2}}\begin{bmatrix} 3 \\ -j \end{bmatrix}$$

图 4-4 所示为合成后的波的偏振态。合成的波为长轴在 x 方向的右旋正椭圆偏振光。

4.3 一束振动方向与图平面呈 45°的线偏振光垂直入射到菲涅尔菱形镜（$n = 1.51$）的端面上，如图 4-5 所示。试问经菱形镜两个斜面反射后，出射光的偏振态如何？

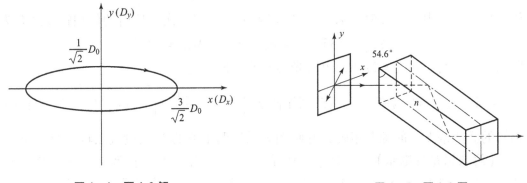

图 4-4 题 4.2 解　　　　　　　图 4-5 题 4.3 图

【**解题思路及提示**】　本题考查的是对偏振光的判断，难度中等。解题的关键是结合第 1 章的菲涅尔公式来计算出射光 D_x 和 D_y 的位相和振幅关系。提示：图中入射光在菱形镜的上下表面进行反射，即光线所走轨迹在点实线方框（入射面）内。因此，入射光的 y 分量因在入射面内，对应 p 分量；x 分量垂直于入射面，为 s 分量。本题的目的是让学生能够结合第 1 章的菲涅尔公式判断光波的偏振状态。

解：如图 4-6 所示，入射线偏振光 D 可分解为

$$D = \begin{bmatrix} D_x \\ D_y \end{bmatrix} = D_0 \begin{bmatrix} 1 \\ 1 \end{bmatrix}$$

D_y 对应 p 分量，D_x 对应 s 分量。

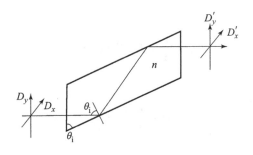

图 4-6 题 4.3 解

由一次全反射的 s 分量和 p 分量，得位相跃变之差（相对位相跃变）为

$$\varphi_{rs} = -2\arctan\left(\frac{n_2\Gamma}{n_1\cos\theta_i}\right), \quad \varphi_{rp} = \pi - 2\arctan\left(\frac{n_1\Gamma}{n_2\cos\theta_i}\right)$$

其中

$$\Gamma = \sqrt{\frac{n_1^2}{n_2^2}\sin^2\theta_i - 1}$$

$$\Delta\varphi_{rps} = \varphi_{rp} - \varphi_{rs} = 2\mathrm{arccot}\left(\frac{n_2\Gamma\cos\theta_i}{n_1\sin^2\theta_i}\right)$$

代入数据，其中 $n_1 = 1.51$，$n_2 = 1$，$\theta_i = 54.6°$，解得一次全反射的位相跃变之差为

$$\Delta\varphi_{rps} = 135°, \quad \delta = \varphi_{y0} - \varphi_{x0} = 2\Delta\varphi_{rps} = 270°$$

所以，$D_{y0}/D_{x0} = 1$，$\delta = 270°$，出射光为右旋圆偏振光。

4.4 有一椭圆偏振光，其琼斯矩阵为 $\left[2 \quad 3\exp\left(\frac{\mathrm{j}\pi}{4}\right)\right]^\mathrm{T}$。试求与之正交且能量相同的椭圆偏振光的琼斯矩阵，并画图表示这两个波的 **D** 矢量端点轨迹及旋向。

【**解题思路及提示**】 本题考查的是椭圆偏振光的琼斯表示及偏振态的正交，须按照正交偏振态的定义进行求解，难度较小。解题的关键是根据椭圆偏振光及其正交偏振光的琼斯矩阵画出轨迹和旋向。本题的目的是让学生学习正交偏振态的求解方法。

解：由已知有 $\boldsymbol{D}_1 = \left[2 \quad 3\exp\left(\mathrm{j}\frac{\pi}{4}\right)\right]^\mathrm{T}$，设与之正交、且能量相同的椭圆偏振光的琼斯矩阵为 $\boldsymbol{D}_2 = [A \quad B\exp(\mathrm{j}\delta)]^\mathrm{T}$。

因两个矩阵正交，所以

$$\boldsymbol{D}_1^\mathrm{T} \cdot \widehat{\boldsymbol{D}}_2^* = \boldsymbol{D}_2^\mathrm{T} \cdot \widehat{\boldsymbol{D}}_1^* = 0$$

即

$$\left[2 \quad 3\exp\left(\mathrm{j}\frac{\pi}{4}\right)\right] \cdot \begin{bmatrix} A \\ B\exp(-\mathrm{j}\delta) \end{bmatrix} = 2A + 3B\exp\left[\mathrm{j}\left(\frac{\pi}{4} - \delta\right)\right] = 0$$

所以

$$\frac{\pi}{4} - \delta = 0 \text{ 或 } \pi$$

解得

$$\delta = \frac{\pi}{4} \text{ 或 } -\frac{3\pi}{4}$$

当 $\delta = \frac{\pi}{4}$ 时，振幅系数满足

$$\begin{cases} A^2 + B^2 = 2^2 + 3^2 = 13 \\ 2A + 3B = 0 \end{cases}$$

解得

$$A = \pm 3, \quad B = \mp 2$$

此时无论哪种情况，都有

$$\boldsymbol{D}_2 = \begin{bmatrix} 3 & 2\exp\left(j\dfrac{5\pi}{4}\right) \end{bmatrix}^{\mathrm{T}}$$

当 $\delta = -3\pi/4$ 时，振幅系数满足

$$\begin{cases} A^2 + B^2 = 2^2 + 3^2 = 13 \\ 2A - 3B = 0 \end{cases}$$

解得

$$A = 3, \quad B = 2$$

此时，无论哪种情况，都有

$$\boldsymbol{D}_2 = \begin{bmatrix} 3 & 2\exp\left(-j\dfrac{3\pi}{4}\right) \end{bmatrix}^{\mathrm{T}} = \begin{bmatrix} 3 & 2\exp\left(j\dfrac{5\pi}{4}\right) \end{bmatrix}^{\mathrm{T}}$$

总之，$\boldsymbol{D}_2$ 是与 $\boldsymbol{D}_1$ 正交且能量相同的右旋椭圆偏振光，图 4-7 表示这两个波的 $\boldsymbol{D}$ 矢量端点轨迹及旋向。

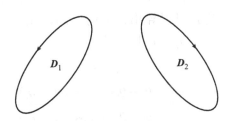

图 4-7 题 4.4 两波的 $\boldsymbol{D}$ 矢量端点轨迹及旋向

4.5 试把椭圆偏振光 $\boldsymbol{D}_0 = \begin{bmatrix} 3+2\mathrm{j} \\ 11-3\mathrm{j} \end{bmatrix}$ 分解成：

（1）两个与 x 轴呈 45°而且相互垂直的线偏振光。

（2）两个旋转方向相反的圆偏振光。

【解题思路及提示】 本题考查的是偏振光的分解，难度较小。解题的关键是在偏振光琼斯矢量表示的基础上进行线偏振光和圆偏振光的分解。本题的目的是让学生熟悉对入射偏振光按照互相垂直的线偏振光以及旋向相反的圆偏光进行分解。

解：（1）选取正交基 $\hat{\boldsymbol{D}}_1 = \begin{bmatrix} \cos 45° \\ \sin 45° \end{bmatrix}$，$\hat{\boldsymbol{D}}_2 = \begin{bmatrix} \cos 45° \\ -\sin 45° \end{bmatrix}$，则分解后的线偏振光为

$$\boldsymbol{D}_0 = \left(\begin{bmatrix} 3+2j & 11-3j \end{bmatrix} \begin{bmatrix} 1/\sqrt{2} \\ 1/\sqrt{2} \end{bmatrix} \right) \begin{bmatrix} 1/\sqrt{2} \\ 1/\sqrt{2} \end{bmatrix} + \left(\begin{bmatrix} 3+2j & 11-3j \end{bmatrix} \begin{bmatrix} 1/\sqrt{2} \\ -1/\sqrt{2} \end{bmatrix} \right) \begin{bmatrix} 1/\sqrt{2} \\ -1/\sqrt{2} \end{bmatrix}$$

$$= (7 - 0.5j) \begin{bmatrix} 1 \\ 1 \end{bmatrix} + (4 - 2.5j) \begin{bmatrix} -1 \\ 1 \end{bmatrix}$$

(2) 选取正交基 $\hat{\boldsymbol{D}}_1 = \frac{\sqrt{2}}{2} \begin{bmatrix} 1 \\ j \end{bmatrix}$, $\hat{\boldsymbol{D}}_2 = \frac{\sqrt{2}}{2} \begin{bmatrix} 1 \\ -j \end{bmatrix}$, 则分解后的线偏振光为

$$\boldsymbol{D}_0 = \left(\begin{bmatrix} 3+2j & 11-3j \end{bmatrix} \frac{\sqrt{2}}{2} \begin{bmatrix} 1 \\ -j \end{bmatrix} \right) \frac{\sqrt{2}}{2} \begin{bmatrix} 1 \\ j \end{bmatrix} + \left(\begin{bmatrix} 3+2j & 11-3j \end{bmatrix} \frac{\sqrt{2}}{2} \begin{bmatrix} 1 \\ j \end{bmatrix} \right) \frac{\sqrt{2}}{2} \begin{bmatrix} 1 \\ -j \end{bmatrix}$$

$$= -4.5j \begin{bmatrix} 1 \\ j \end{bmatrix} + (3 + 6.5j) \begin{bmatrix} 1 \\ -j \end{bmatrix}$$

4.6 一束自然光入射到空气—玻璃（$n = 1.54$）界面上。

(1) 试讨论在 $0° \leqslant \theta_i \leqslant 90°$ 范围内折射光、反射光的偏振态。

(2) 如果入射角为 $57°$，试求反射光和折射光的偏振度。

【解题思路及提示】 本题考查的是基于布儒斯特角的线偏振光的产生，难度较小。解题的关键是结合菲涅尔定律及布儒斯特定律来判断反射光和折射光的偏振态，并熟悉偏振态的求解。本题的目的是让学生能够结合菲涅尔定律及布儒斯特定律判断反射光和折射光的偏振态，并熟悉偏振态的求解。

解：（1）利用菲涅尔公式可以导出，反射光的偏振度为

$$P_r = \left| \frac{I_{rs} - I_{rp}}{I_{rs} + I_{rp}} \right| = \left| \frac{r_s^2 - r_p^2}{r_s^2 + r_p^2} \right|$$

$$= \left| \frac{\cos^2(\theta_i - \theta_t) - \cos^2(\theta_i + \theta_t)}{\cos^2(\theta_i - \theta_t) + \cos^2(\theta_i + \theta_t)} \right|$$

折射光的偏振度为

$$P_t = \left| \frac{I_{ts} - I_{tp}}{I_{ts} + I_{tp}} \right| = \left| \frac{w_{ts} - w_{tp}}{w_{ts} + w_{tp}} \right| = \left| \frac{T_s - T_p}{T_s + T_p} \right| = \left| \frac{|t_s|^2 - |t_p|^2}{|t_s|^2 + |t_p|^2} \right|$$

$$= \left| \frac{\sin^2(\theta_i - \theta_t)}{1 + \cos^2(\theta_i - \theta_t)} \right|$$

在上式推导中，利用关系，得

$$w_t = I_t \cdot A_t, \quad w_i = I_i \cdot A_i, \quad T = \frac{w_t}{w_i} = \frac{n_2 \cos\theta_t}{n_1 \cos\theta_i} |t|^2$$

(2) 代入参数 $\theta_i = 57°$，得折射光和反射光的偏振度分别为 $P_t = 0.09$, $P_r = 1$。这说明入射角等于布儒斯特角时，反射光为线偏振光。

4.7 如图 4 - 8 所示，一细束平行自然光 $\boldsymbol{B}_1$ 以布儒

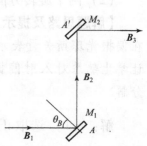

图 4 - 8 题 4.7 图

斯特角 θ_B 射向反射镜 M_1，反射光 B_2 再经反射镜 M_2（$M_2 /\!/ M_1$）反射，得到出射光 B_3。如果将 M_2 镜自图示位置开始绕 AA' 轴旋转一周。试问 B_3 的光强将如何变化？何时最强？何时最弱？

【解题思路及提示】 本题考查的是布儒斯特角和线偏振光的产生，难度中等。提示：在 M_2 绕 AA' 旋转前，入射光为仅有 s 分量的线偏振光；在旋转后，入射光变为既有 s 分量，又有 p 分量的线偏振光。本题的目的是让学生熟悉布儒斯特角和线偏振之间的关系。

解：由布儒斯特定律可知，B_2 成为 s 分量的线偏振光，振动方向垂直于纸面。当 M_2 绕 AA' 轴转过角度 β 后，仍然满足布儒斯特定律，但是由于入射面转过了 β 角，所以对转动以后的入射面来说，s 分量的振幅成为

$$E_{rs3} = E_2 \cos\beta$$

B_3 的光强为

$$I_3 = |E_{rs3}|^2 = I_2 \cos^2\beta$$

所以，当 $\beta = 0$、π 时，I_3 最强；当 $\beta = \dfrac{\pi}{2}$、$\dfrac{3\pi}{2}$ 时，I_3 最弱。

4.8 一线偏振平行光细光束 B 垂直入射到平面平行晶板 Q，由于双折射而在屏 Π 上形成两个光斑 S_o 和 S_e，如图 4-9 所示。假设入射光强度为 I，偏振方向平行于图平面，晶板的光轴在图平面内，相对晶板表面倾斜一个角度（见图 4-9）。试问：

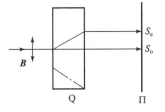

图 4-9 题 4.8 图

(1) 若将 Q 绕入射光束旋转，光斑 S_o 和 S_e 的位置及强度将如何变化？

(2) 若 B 是自然光，情况又如何？

【解题思路及提示】 本题考查的是光在单轴晶体中的传播及折射率面作图法，难度中等。解题的关键是清楚晶体中 o 光和 e 光的振动方向和光轴的关系。本题的目的是让学生熟悉晶体中 o 光和 e 光的判断。

解：(1) 设在初始位置，晶体 Q 的转角 $\beta = 0$，此时入射光振动在主平面内，为 e 光，所以 S_e 为亮点，S_o 为暗点。晶体 Q 转过 β 角，即晶体 Q 的主平面转过了 β 角，此时

$$D_e = D_0 \cos\beta \qquad I_e = I_0 \cos^2\beta$$
$$D_o = D_0 \sin\beta \qquad I_o = I_0 \sin^2\beta$$

所以，当 $\beta = 0$、π 时，S_e 最亮，S_o 为暗点；当 $\beta = \dfrac{\pi}{2}$、$\dfrac{3\pi}{2}$ 时，S_e 为暗点，S_o 最亮。

(2) 当 B 为自然光时，无论 Q 的主平面转到什么方位，D_0 总可以分解为 $D_1 =$

D_2，$I_1 = I_2$，因而总是有：S_o 位于中心，位置不变，亮度不变；S_e 绕 S_o 旋转，亮度不变。

4.9 一束平行钠黄光以 45°自空气射向方解石晶体，假定晶体光轴平行于界面并且垂直于入射面，如图 4-10 所示。方解石折射率请见表 4-1（教材）。

(1) 试用折射率面作图法画出晶体内 o 光和 e 光的波矢方向和振动方向。

(2) 试求两波矢方向的夹角。

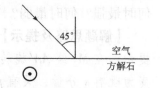

图 4-10 题 4.9 图

【解题思路及提示】 本题考查的是折射率面作图法，难度较小。解题的关键是运用惠更斯作图法。本题的目的是让学生熟练理解惠更斯作图法。

解：(1) 用折射率面作图法画出晶体内 o 光和 e 光的波矢方向和振动方向，如图 4-11 所示。

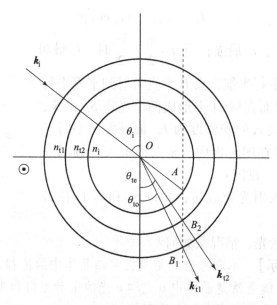

图 4-11 题 4.9 解

(2) 根据折射定律，有

$$n_i \sin 45° = n_e \sin\theta_{te}$$

$$n_i \sin 45° = n_o \sin\theta_{to}$$

式中，$n_e = 1.4864$，$n_o = 1.6584$。

解得 e 光和 o 光的折射角分别为

$$\theta_{te} = 28.41°$$

$$\theta_{to} = 25.24°$$

两波矢方向的夹角为

$$\Delta\theta = \theta_{te} - \theta_{to} = 3.17°$$

4.10 有一束平行光自空气射向石英晶体。若入射光方向与晶体光轴方向平行，如图4-12所示。试问这时是否会发生双折射？

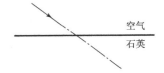

图4-12 题4.10图

【**解题思路及提示**】 本题考查的是折射率面作图法，难度中等。解题的关键是熟悉惠更斯作图法。提示：虽然入射光沿着光轴入射，但是当光进入石英晶体以后，由于折射效应，传播方向已经不再沿着光轴，所以还是会发生双折射。本题的目的是让学生熟悉惠更斯作图法。

解：会发生双折射，示意如图4-13所示。

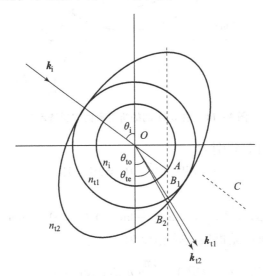

图4-13 题4.10图的折射率面作图法示意

4.11 一束细的钠黄光以80°射向一平面平行石英晶板。设晶板光轴垂直于入射面，厚度 $d=3$ mm。试求：

（1）两束出射光的距离。

（2）o光与e光通过晶板后的位相差。

【**解题思路及提示**】 本题考查的是光在晶体中的传播和折射率面作图法，难度中等。解题的关键是结合惠更斯作图法进行定量计算。提示：当光轴垂直于入射面时，o光和e光的折射率面都是一个圆。本题的目的是让学生熟悉结合惠更斯作图法的定量计算。

解：（1）如图4-14所示，已知 $\lambda = 0.5893$ μm，$\theta_i = 80°$，$d = 3$ mm，$n_o = 1.5442$，$n_e = 1.5533$。根据折射定律，有

$$n_i \sin 80° = n_e \sin \theta_{te}$$
$$n_i \sin 80° = n_o \sin \theta_{to}$$

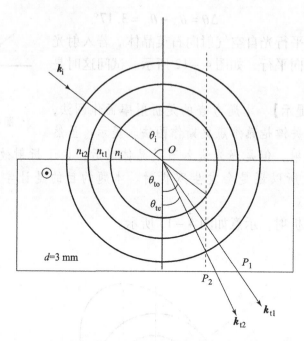

图 4 − 14　题 4.11 图的折射率面作图法示意

求出 o 光和 e 光的折射角分别为

$$\theta_{to} = 39.62°, \quad \theta_{te} = 39.346°$$

两束出射光的距离为

$$\Delta x = \overline{P_1 P_2} = (\tan\theta_{to} - \tan\theta_{te})d = 0.024 \text{ mm}$$

（2）o 光与 e 光通过晶板后的位相差为

$$\Delta\varphi_{oe} = \frac{2\pi}{\lambda}(n_o \cdot \overline{OP_1} - n_e \cdot \overline{OP_2}) = \frac{2\pi}{\lambda}(n_o d/\cos\theta_{to} - n_e d/\cos\theta_{te}) = -39.368\pi$$

4.12　图 4 − 15 所示的等腰棱镜由某种单轴晶体制成。假设该棱镜的光轴垂直于图面，顶角 $\alpha = 50°$。测得 o 光和 e 光的最小偏向角分别为：$\delta_o = 30.22°$；$\delta_e = 27.40°$，试求棱镜晶体的 o 光折射率 n_o 和 e 光折射率 n_e。

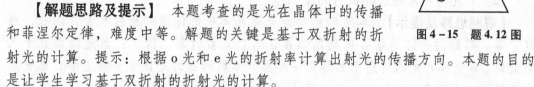

图 4 − 15　题 4.12 图

【解题思路及提示】　本题考查的是光在晶体中的传播和菲涅尔定律，难度中等。解题的关键是基于双折射的折射光的计算。提示：根据 o 光和 e 光的折射率计算出射光的传播方向。本题的目的是让学生学习基于双折射的折射光的计算。

解：如图 4 − 16 所示，当 k_i 和 k_t 相对于棱镜对称，且棱镜内的折射光线与棱镜底边平行时，取最小偏向角 δ_{min}。

无论 o 光还是 e 光，$\theta_t = \alpha/2$，$\beta = \delta/2$，于是入射角

$$\theta_i = \theta_t + \beta = (\alpha + \delta)/2$$

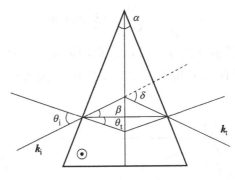

图 4-16 题 4.12 图解

对于 o 光，入射角和折射角分别为
$$\theta_i = (50° + 30.22°)/2 = 40.11°,\quad \theta_t = 25°$$
由折射定律有
$$n_i \sin\theta_i = n_o \sin\theta_t$$
解得 o 光折射率为 $n_o = 1.5245$。

对于 e 光，入射角和折射角分别为
$$\theta_i = (50° + 27.4°)/2 = 38.7°,\quad \theta_t = 25°$$
由折射定律有
$$n_i \sin\theta_i = n_e \sin\theta_t$$
解得 e 光折射率为 $n_e = 1.4795$。

4.13 在一对主方向相互平行的线偏器 P_1、P_2 之间放一块光轴垂直于界面的石英晶体 Q，以一束白光垂直入射该系统，如图 4-17 所示。若要使出射光中缺少 $\lambda = 546.1$ nm 的成分，试问石英晶片的厚度 d 最小应为多少？

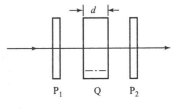

图 4-17 题 4.13 图

【解题思路及提示】 本题考查的是波片的原理，难度较小。解题的关键是了解出射光缺少某一波长的光的原因是该石英晶体构成了波片，使入射光的偏振方向旋转了 90°。本题的目的是让学生明白波片能够让光的偏振状态发生改变的原理。

解： 自然光经线偏器 P_1 成为平行于 P_1 主方向的线偏振光，石英晶体使偏振面旋转 α 角为
$$\alpha = \rho \cdot d$$

当 $\lambda = 0.5461\ \mu m$ 时，石英晶体的旋光系数 $\rho = 25.54°/mm$

当 $\alpha = 90°$ 时，偏振光正好与 P_2 正交，出射光强第一次为零。

所以，石英晶体的厚度为

$$d = \frac{\alpha}{\rho} = \frac{90}{25.54} = 3.524 \text{ mm}$$

4.14 试对尼科耳棱镜（图4-18）计算出能使 o 光在胶合面上发生全反射的最大入射角 $\angle IKH$，以及保证 e 光不发生全反射的最大入射角 $\angle GKH$ 的大小。设入射光为钠黄光。

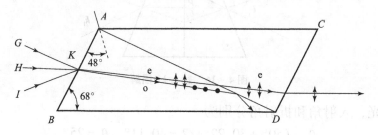

图 4-18 题 4.14 图

【解题思路及提示】 本题考查的是尼科尔棱镜的工作原理和相关定量计算，难度中等。解题的关键是注意几何参量之间的关系。本题的目的是让学生熟悉尼科尔棱镜的工作原理和相关定量计算。

解：当入射光沿 IK 方向，如图 4-19 所示，设 o 光全反射临界角为 θ_{oc}，由折射定律解得

$$\sin\theta_{oc} = n_g/n_o = \frac{1.55}{1.6584} = 0.9346, \quad \theta_{oc} = 69.2°$$

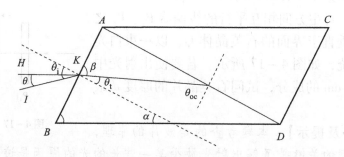

图 4-19 题 4.14 解（1）

令 $\angle IKH = \theta$，当 o 光在 AD 面上的入射角小于 $\theta_{oc} = 69.2°$ 时，o 光将不发生全反射。设 o 光在 AB 面上的入射角为 θ_i，折射角为 θ_t，可求出

$$\beta = 69.2° = 90° - \theta_t, \quad \theta_t = 20.8°$$
$$\sin\theta_i = n_o\sin\theta_t, \quad \theta_i = 36.08°$$

由于

$$\theta_i = \theta + \alpha = \theta + (90° - 68°) = \theta + 22°$$

因此，能使 o 光在胶合面上发生全反射的最大入射角为

$$\angle IKH = \theta_i - 22° = 14.08°$$

当入射光沿 GK 方向时，如图 4-20 所示，令 AB 界面入射角 $\angle GKH = \theta'$，折射角为 θ'_t。

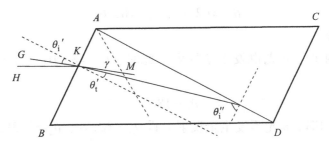

图 4-20　题 4.14 解（2）

根据折射定律
$$n_{空气}\sin\theta' = n_2\sin\theta'_t$$

借助教材中的式（4-61），有
$$n_2 \approx n_o + (n_e - n_o)\sin^2\gamma$$

在 $\triangle AKM$ 中，有
$$\gamma = 180° - (90° - \theta'_i) - 48° = \theta'_i + 42°$$

在 AD 界面，e 光发生全反射，此时
$$\sin\theta''_i = \frac{n_g}{n_e},\quad \cos\theta''_i = \sqrt{1 - \left(\frac{n_g}{n_e}\right)^2}$$

又 $\theta'_t = 90° - \theta''_i$，所以
$$n_{空气}\sin\theta' = n_2\sin\theta'_t = n_2\cos\theta''_i = n_2\sqrt{1 - \left(\frac{n_g}{n_e}\right)^2}$$

代入 $n_o = 1.6584$，$n_e = 1.52$，$n_g = 1.55$，解得
$$\theta'_i = 8°$$

所以，保证 e 光不发生全反射的最大入射角为
$$\angle GKH = 90° - 68° - 8° = 14°$$

4.15 若格兰棱镜由方解石制成，其间用甘油（$n_g = 1.474$）胶合，棱镜顶角 $\alpha = 70°$，如图 4-21 所示。试求格兰棱镜的通光孔径角 β。

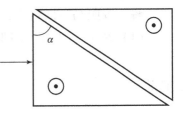

图 4-21　题 4.15 图

【解题思路及提示】　本题考查的是格兰棱镜的工作原理和相关定量计算，难度中等。解题的关键是注意几何参量之间的关系。本题的目的是让学生熟悉格兰棱镜的工作原理和相关定量计算。

解：如图 4-22 所示，由题可得

$$n_o = 1.6584, \quad n_e = 1.4864, \quad n_g = 1.474$$

根据折射定律，可求得 o 光和 e 光的全反射临界角分别为

$$\theta_{oc} = 62.7°, \quad \theta_{ec} = 82.6°$$

因此，$\theta_{oc} < \alpha < \theta_{ec}$。

当沿 CB 入射时，e 光也发生全反射。此时，$\theta_{ec} = 82.6°$，$\theta_1' = 12.6°$，根据折射定律解得

$$\theta_1 = 18.9°$$

当沿 DB 入射时，o 光不发生全反射。设 $\theta_{oc} = 62.7°$，$\theta_2' = 7.3°$，根据折射定律解得

$$\theta_2 = 12.16°$$

可得格兰棱镜的通光孔径角

$$\beta = \theta_1 + \theta_2 = 31°$$

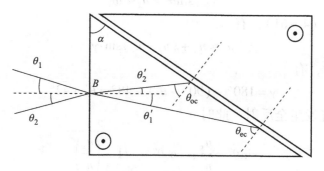

图 4-22 题 4.15 解

4.16 将两块线偏器叠起来使用，通过改变它们主方向之间的夹角 θ，可以控制透射光的强度 I。假设 $\theta = 0$ 时，透射光的强度为 I_0。试问：

（1）欲使 $I = 0.1I_0$，θ 应为多少度？

（2）若要求 I 的精度在 2% 以内，θ 的最大允许误差为多少？

【解题思路及提示】 本题考查的是马吕斯定律在光强计算中的应用，难度较小。本题的目的是让学生熟悉马吕斯定律在光强计算中的应用。

解：按照马吕斯定律，有 $I = I_0 \cos^2\theta$

（1）欲使 $I = 0.1I_0$，即

$$I/I_0 = \cos^2\theta = 0.1$$

解得

$$\theta = 71.56°$$

（2）由于 $|dI| = 2I_0\sin\theta\cos\theta d\theta = I_0\sin2\theta d\theta$，要求 I 的精度在 2% 以内，即

$$\left|\frac{dI}{I}\right| = \left|\frac{dI}{0.1I_0}\right| = 10\sin2\theta d\theta = 0.02$$

解得，θ 的最大允许误差为
$$d\theta = 0.003\ 3\ \text{rad} = 0.19°$$

4.17 欲用 $\lambda/4$ 波片将沿 x 轴振动的线偏振光变成：（1）右旋圆偏振光；（2）左旋圆偏振光。试问 $\lambda/4$ 波片的快轴方向应如何放置？画图加以说明。

【解题思路及提示】 本题考查的是 $\lambda/4$ 波片的原理，以及通过矢量分解法了解光波的偏振状态在晶体中的变化原理，难度较小。建议采用矢量分解法进行分析，深入了解 $\lambda/4$ 波片的工作原理。本题的目的是让学生熟悉 $\lambda/4$ 波片的原理，能够通过矢量分解法了解光波的偏振状态在晶体中的变化原理。

解：（1）用 $\lambda/4$ 波片将沿 x 轴振动的线偏振光变成右旋圆偏振光，此时波片的快轴（u 轴）与 x 轴的夹角为 $45°$，如图 4-23（a）所示。

（2）用 $\lambda/4$ 波片将沿 x 轴振动的线偏振光变成左旋圆偏振光，此时波片的慢轴（v 轴）与 x 轴的夹角为 $45°$，如图 4-23（b）所示。

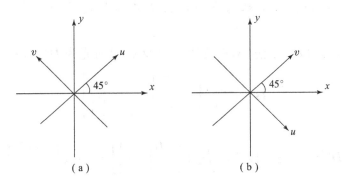

图 4-23 题 4.17 图解
(a) 产生右旋圆偏光波片放置方向；(b) 产生左旋圆偏光波片放置方向

4.18 一束线偏振光（$\lambda = 589.3$ nm）正入射到光轴平行于表面的方解石晶片上，设入射光振动方向与光轴呈 $30°$。试问：

（1）o 光与 e 光的相对强度为何值？

（2）若要使出射光成为正椭圆偏振光（相对于晶片光轴方向而言），晶片的最小厚度为多少？

【解题思路及提示】 本题考查的是光在晶体中的传播和 $\lambda/4$ 波片的工作原理，难度较小。建议画图进行分析。本题的目的是让学生熟悉 $\lambda/4$ 波片的工作原理。

解：（1）由题可得入射光可表示为
$$\boldsymbol{D} = D_0 \begin{bmatrix} \cos 30° \\ \sin 30° \end{bmatrix} = \frac{D_0}{2} \begin{bmatrix} \sqrt{3} \\ 1 \end{bmatrix}$$

即 o 光与 e 光的相对强度为
$$I_e/I_o = 3$$

（2）要求 $\boldsymbol{D}'$ 成为正椭圆，则出射光相对于入射光引入的位相差为

$$\Delta\varphi = \frac{2\pi}{\lambda}d(n_o - n_e) = \frac{\pi}{2}$$

解得，晶片的最小厚度为

$$d = 0.86 \ \mu m$$

4.19 一束强度为 I_0 的左旋圆偏振光先垂直通过一块快速方向沿 y 轴的 $\lambda/4$ 波片，再通过一个线偏器。假设线偏器的主方向 A 相对于 y 轴左旋了 $15°$，如图 4-24 所示。试求出射光的强度。

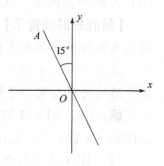

图 4-24 题 4.19 图

【解题思路及提示】 本题考查的是光波经过 $\lambda/4$ 波片以及偏振片后，偏振状态的变化，难度较小。解题的关键是先了解入射的左旋偏振光经过波片后的偏振状态如何，再采用矢量分解法或琼斯矩阵法进行求解。难度较小。本题的目的是让学生熟悉光波经过 $\lambda/4$ 波片以及偏振片后，偏振状态的变化。

解：设入射光为 D，经过 $\lambda/4$ 波片成为 D'，出射光为 D''，则

$$D = \frac{\sqrt{I_0}}{\sqrt{2}}\begin{bmatrix}1\\j\end{bmatrix} = \frac{\sqrt{I_0}}{\sqrt{2}}\begin{bmatrix}1\\ \exp\left(j\frac{\pi}{2}\right)\end{bmatrix}$$

$$D' = M_{90°,\frac{\pi}{2}} \cdot [D] = \sqrt{\frac{I_0}{2}}\begin{bmatrix}j & 0\\0 & 1\end{bmatrix} \cdot \begin{bmatrix}1\\j\end{bmatrix} = j\sqrt{I_0}\begin{bmatrix}\cos 45°\\ \sin 45°\end{bmatrix}$$

所以 D' 为第一、三象限偏振光，与 x 轴的夹角为 $45°$；由于 D' 的振幅 $D'_0 = \sqrt{I_0}$，所以 D'' 的振幅为

$$D''_0 = D'_0\cos(15° + 45°) = \sqrt{I_0}\cos 60°$$

出射光的强度为

$$I'' = I_0\cos^2 60° = 0.25I_0 = I_0/4$$

4.20 一束圆偏振光与自然光的混合光先后垂直通过一个 $\lambda/4$ 波片和一个线偏器。当以光束方向为轴旋转线偏器时，发现光强大小有变化。若测得最大光强是最小光强的两倍，试问圆偏振光与自然光的强度之比 I_C/I_N 为何值？

【解题思路及提示】 本题考查的是自然光和圆偏振光的区别，以及区分它们的检验方法，难度中等。解题的关键是了解圆偏振光和自然光经过 $\lambda/4$ 波片后各有什么变化，出射光的光强有变化是如何产生的。本题的目的是让学生熟悉自然光和圆偏振光的区别，以及区分它们的检验方法。

解：设入射光是由一束圆偏振光和一束自然光组成的部分偏振光，圆偏振光的强度为 I_C，自然光的强度为 I_N。自然光通过 $\lambda/4$ 波片后，仍然是强度为 I_N 的自然光；圆偏振光通过 $\lambda/4$ 波片后，出射光成为线偏振光，强度仍为 I_C。

将检偏器转到透射光强度最大的方向，出射光中自然光成分的强度为 $I_N/2$，偏振光成分的强度仍然是 I_C。于是，出射光成为由一束线偏振光和一束自然光组成的部分偏振光。在线偏振光的振动方向上，光强取极大值，即

$$I_M = I_C + I_N/2$$

在和线偏振光振动方向垂直的方向上，光强取极小值，即

$$I_m = I_N/2$$

已知最大光强是最小光强的两倍，即

$$I_M = 2I_m$$

此时

$$I_M = I_C + I_N/2 = I_N$$

所以

$$I_C = I_N/2$$

即圆偏振光与自然光的强度之比

$$I_C/I_N = \frac{1}{2}$$

4.21 在晶片 Q 后面放置一块 $\lambda/4$ 波片，构成一个"Q - $\lambda/4$ 波片复合系统"，如图 4-25 所示。设 Q 的两个主轴方向平行于表面并分别取为 x、y 轴，在 y 方向引入的位相延迟较 x 方向多 $\Delta\varphi$。将 $\lambda/4$ 波片的主轴方向取为 u、v 轴，其中 u 轴为快轴方向，它与 x 轴的夹角为 45°。

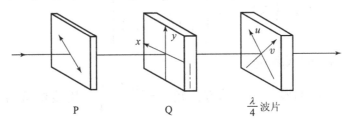

图 4-25 题 4.21 图

（1）写出该复合系统的琼斯矩阵。

（2）若一束振动方向沿 u 轴的线偏振光垂直入射该系统，试分别用琼斯矩阵法和振动矢量分解法证明出射光是线偏振光。

（3）试求出射光振动方向与 x 轴的夹角 θ。（可以利用该复合系统通过测定 θ 来求取 $\Delta\varphi$）

【解题思路及提示】 本题考查的是偏振光的判断以及矢量分解法和琼斯矢量法在偏振状态运算中的应用，难度中等。本题的目的是让学生熟悉偏振光的判断以及矢量分解法和琼斯矢量法在偏振状态运算中的应用。

解：（1）该复合系统的琼斯矩阵为

$$M = M_{45°,\pi/2} \cdot M_{0°,\Delta\varphi} = \frac{1}{2}(1+j)\begin{bmatrix} 1 & -j \\ -j & 1 \end{bmatrix} \cdot \begin{bmatrix} 1 & 0 \\ 0 & \exp(j\Delta\varphi) \end{bmatrix}$$

$$= \frac{1}{2}(1+j)\begin{bmatrix} 1 & -j\exp(j\Delta\varphi) \\ -j & \exp(j\Delta\varphi) \end{bmatrix}$$

(2) 入射光的琼斯矩阵为

$$D_0 = \begin{bmatrix} \cos 45° \\ \sin 45° \end{bmatrix} = \frac{\sqrt{2}}{2}\begin{bmatrix} 1 \\ 1 \end{bmatrix}$$

出射光为

$$D' = M \cdot D_0$$

$$= \frac{1}{2}(1+j) \cdot \begin{bmatrix} 1 & -j\exp(j\Delta\varphi) \\ -j & \exp(j\Delta\varphi) \end{bmatrix} \cdot \frac{\sqrt{2}}{2} \cdot \begin{bmatrix} 1 \\ 1 \end{bmatrix} = \frac{\sqrt{2}}{4}(1+j) \cdot \begin{bmatrix} 1-j\exp(j\Delta\varphi) \\ -j+\exp(j\Delta\varphi) \end{bmatrix}$$

$$= \frac{\sqrt{2}}{2}(1+j) \cdot \begin{bmatrix} (1-j\exp(j\Delta\varphi))/2 \\ (1+j\exp(j\Delta\varphi))/2j \end{bmatrix}$$

$$= \frac{\sqrt{2}}{2}(1+j) \cdot \begin{bmatrix} \{1+\exp[j(\Delta\varphi-\frac{\pi}{2})]\}/2 \\ \{1-\exp[j(\Delta\varphi-\frac{\pi}{2})]\}/2j \end{bmatrix}$$

$$= \frac{\sqrt{2}}{2}(1+j) \cdot \exp\left[j\left(\frac{\Delta\varphi}{2}-\frac{\pi}{4}\right)\right]\begin{bmatrix} \cos\left(\frac{\Delta\varphi}{2}-\frac{\pi}{4}\right) \\ \sin\left(\frac{\Delta\varphi}{2}-\frac{\pi}{4}\right) \end{bmatrix}$$

从而可得，出射光为线偏振光。

(3) 出射光为线偏振光，振动方位角 $\theta = \frac{\Delta\varphi}{2} - \frac{\pi}{4}$，用线检偏器测出 θ 角，可以算出 $\Delta\varphi = 2\left(\theta + \frac{\pi}{4}\right)$。

4.22 利用两个已知主方向的线偏器 P 和 A，以及一个已知快、慢速方向的 $\lambda/4$ 波片，如何确定另一个 $\lambda/4$ 波片的快、慢速方向？

【解题思路及提示】 本题考查的是波片的快、慢轴及波片对入射光偏振片的调制作用，难度中等。提示：尽可能画图说明。本题的目的是让学生熟悉波片的快、慢轴及波片对入射光偏振片的调制作用。

解：方法 1： 如图 4-26 所示，使线偏器 P 和 A 组成正交尼科耳，波片 $Q_{1,\frac{\lambda}{4}}$ 的快轴方向角 $\alpha = 45°$。波片 $Q_{2,\frac{\lambda}{4}}$ 的快、慢轴方向待测。

旋转 $Q_{2,\frac{\lambda}{4}}$，当转到 $u_2 // u_1$，$v_2 // v_1$ 时，$Q_{1,\frac{\lambda}{4}}$ 和 $Q_{2,\frac{\lambda}{4}}$ 组成一块 $\lambda/2$ 波片，快轴 u

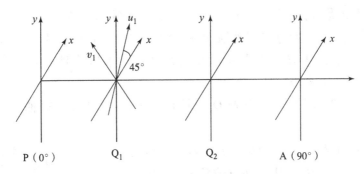

图 4-26 题 4.22 解

的方向角 $\alpha = 45°$，它使入射线偏振光振动方向旋转 $90°$，与 A 的主方向平行，透射光强度极大。当转到 $u_2 \perp u_1$、$v_2 \perp v_1$ 时，组合波片的 $\Delta\varphi = 0$，透射光消光。由此可以确定 $Q_{2,\frac{\lambda}{4}}$ 的 u、v 轴方向。

方法 2：将 P、Q_1 组成右旋圆起偏器，出射右旋圆偏振光。经 Q_2 变为线偏振光，振动方向在 Q_2 的 (u,v) 坐标系第一象限，$\alpha = 45°$。通过旋转 A，使消光现象出现，此时与 A 主方向垂直的方向即线偏振光的振动方向，由此方向顺时针转过 $45°$，即 Q_2 的 u 轴方向。

4.23 一束振动方向沿 x 轴的线偏振光射向一块 $\lambda/2$ 的波片。假设 $\lambda/2$ 波片的一个主方向与 x 轴的夹角为 α。

（1）试证明出射光仍是线偏振光，并求其振动方向与 x 轴的夹角。

（2）今按逆时针方向（迎着光线观察）旋转 $\lambda/2$ 波片，使 α 逐渐增大。试问出射光的振动方向与 x 轴的夹角如何变化？

【解题思路及提示】 本题考查的是 $\lambda/2$ 波片的原理及相关运算，难度中等。解题的关键是理解线偏振光经过 $\lambda/2$ 波片后的偏振状态，可采用矢量分解法和琼斯矩阵法进行求解。本题的目的是让学生熟悉 $\lambda/2$ 波片及相关运算。

解：（1）出射光的琼斯矢量为

$$\boldsymbol{D}' = \begin{bmatrix} \cos2\alpha & \sin2\alpha \\ \sin2\alpha & -\cos2\alpha \end{bmatrix} \cdot \begin{bmatrix} 1 \\ 0 \end{bmatrix} = \begin{bmatrix} \cos2\alpha \\ \sin2\alpha \end{bmatrix}$$

这说明出射光仍然是线偏振光，且振动方位角 $\theta = 2\alpha$，即 $\boldsymbol{D}'$ 和 $\boldsymbol{D}$ 相对于 u 轴对称。

（2）当逆时针方向旋转 $\lambda/2$ 波片，无论 α 角为何值，$\boldsymbol{D}'$ 和 $\boldsymbol{D}$ 始终相对于 u 轴对称。特殊情形：当 $\alpha = N\pi/2$（N 为整数）时，$\boldsymbol{D}'$ 和 $\boldsymbol{D}$ 方向重合。

4.24 设当用线偏振器加入 $\lambda/4$ 波片方法检验光波 $\boldsymbol{D}$ 的偏振态时，在步骤①中发现线偏振器主方向角 $\alpha = 80°$ 时出现最大透射光光强，在步骤②中发现插入 $\lambda/4$ 波片后当线偏振器的 $\alpha = 20°$ 时出现零光强。试求椭圆偏振光 $\boldsymbol{D}$ 的 γ 角、β 角及旋向，并用示意图表示。

【解题思路及提示】 本题考查的是线偏器和 $\lambda/4$ 波片在偏振光检验中的应用，难度中等。提示：步骤①为仅用线偏器检验且旋转线偏器观察是否出现消光的过程；步骤②是结合 $\lambda/4$ 波片和线偏器检验的过程。本题的目的是让学生熟悉线偏器和 $\lambda/4$ 波片在偏振光检验中的应用。

解：由图 4-26 可知，入射光 D 是长轴在 Ox_1（OA_1）、短轴在 Oy_1 的椭圆偏振光。

将 $\lambda/4$ 波片插入，使 $u // Ox_1$，$v // Oy_1$，于是，出射光成为线偏振光 D_1，其振动方位角 $\alpha_1 = 110°$，所以，检偏器 A_2 的方位角 $\alpha = 20°$ 时出现消光。由于 D_1 在 (x_1, y_1) 坐标系的第一象限，说明进入 $\lambda/4$ 波片之前，入射光 D 是右旋椭圆偏振光。（因为右旋椭圆偏振光 $\delta = -\pi/2$，而 $\lambda/4$ 波片引入 $\Delta\varphi = \pi/2$）

由图 4-27 所示的几何关系，可得出椭圆的长轴方位角：$\gamma = 80°$，$\beta = \arctan\left(\dfrac{D_{y0}}{D_{x0}}\right) = 50°$

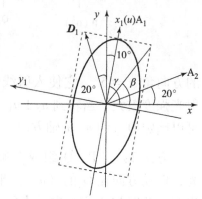

图 4-27 题 4.24 解

4.25 一束时间圆频率为 ω 的左旋圆偏振光射向一块 $\lambda/2$ 波片，令 $\lambda/2$ 波片以角速度 Ω 沿入射偏振光的旋转方向匀速旋转。试证明：

（1）从 $\lambda/2$ 波片出射的光为右旋圆偏振光。

（2）出射光的时间圆频率变成 $\omega - 2\Omega$（本方法可以通过机械旋转实现光波的时间移频）。

【解题思路及提示】 本题考查的是 $\lambda/2$ 波片的性质和计算，难度较大，可采用琼斯矢量进行求解。提示：如果 $\lambda/2$ 波片以角速度 Ω 匀速转动，可知从 $\lambda/2$ 波片出射的光矢量 D' 会产生一个角速度为 2Ω 的附加转动。由于 $\lambda/2$ 波片的旋转方向和左旋圆偏振光的旋向相同，所以由 $\lambda/2$ 波片旋转引入的附加位相延迟 $(2\Omega t)$ 应和 D' 的时间位相因子 $(-j\omega t)$ 相加，以保证相对位相延迟减小。本题的目的是让学生能够灵活综合运用本章所学知识进行具体问题的分析。

证明：入射左旋圆偏振光的琼斯矢量为

$$D = \begin{bmatrix} D_x \\ D_y \end{bmatrix} = D_0 \begin{bmatrix} 1 \\ j \end{bmatrix} \exp[j(kz - \omega t)]$$

式中，ω 是 D 的时间角频率。设在时刻 t，D 矢量的方向如图 4-28 所示，它以角速度 ω 左旋。

如图 4-28 所示，首先考虑在 $\lambda/2$ 波片静止不动的情形，设其快速方向为 u，可知时刻 t 的 D 矢量通过 $\lambda/2$ 波片后，其方向变为 D'，D 和 D' 相对于 u 对称，且都以角速度 ω 左旋。只不过 D 在 $\lambda/2$ 波片的入射面上，而 D' 在 $\lambda/2$ 波片的出射面上旋转。考虑 $\lambda/2$ 波片转动了一个角度 Ω_0（以 $\boldsymbol{D}$ 的方向为参照），从 u 转到了 u_1。按照前面分析，出射光矢量应转到 $\boldsymbol{D}_1'$，转过 $2\Omega_0$，仍然保证 $\boldsymbol{D}_1'$ 和 $\boldsymbol{D}$ 相对于 u_1 对称。

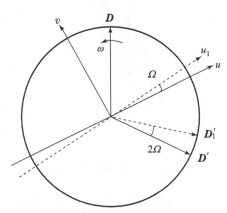

图 4-28 题 4.25 解

如果 $\lambda/2$ 波片以角速度 Ω 匀速转动，则从 $\lambda/2$ 波片出射的光矢量 $\boldsymbol{D}'$ 会产生一个角速度为 2Ω 的附加转动。由于 $\lambda/2$ 波片的旋转方向和左旋圆偏振光的旋向相同，所以由 $\lambda/2$ 波片旋转引入的附加位相延迟 ($2\Omega t$) 应和 $\boldsymbol{D}'$ 的时间位相因子 ($-j\omega t$) 相加，以保证相对位相延迟减小。此时，旋转 $\lambda/2$ 波片的琼斯矩阵可以表示为

$$M_{\frac{\lambda}{2},0,\Omega} = \begin{bmatrix} 1 & 0 \\ 0 & -1 \end{bmatrix} \exp(j2\Omega t)$$

因此，出射光的琼斯矩阵可以表示为

$$\boldsymbol{D}' = M_{\frac{\lambda}{2},0,\Omega} \cdot \boldsymbol{D} = D_0 \begin{bmatrix} 1 & 0 \\ 0 & -1 \end{bmatrix} \begin{bmatrix} 1 \\ j \end{bmatrix} \exp[j(kz - \omega t + 2\Omega t)]$$

$$= D_0 \begin{bmatrix} 1 \\ -j \end{bmatrix} \exp\{j[kz - (\omega - 2\Omega)t]\}$$

这说明从旋转 $\lambda/2$ 波片出射的光波成为右旋圆偏振光，且时间角频率成为 ($\omega - 2\Omega$)。此方法可用于改变光波的时间频率。

4.26 将一巴比内补偿器（其两块光楔均由石英制成，楔角为 $2.75°$）放在正交尼科耳光路中，构成一个系统。若用波长 $\lambda = 589$ nm 的平行自然光照明该系统，试问：

(1) 通过检偏器观察补偿器表面，所看到的干涉条纹形状如何？

(2) 条纹间距为多大？

【解题思路及提示】 本题考查的是巴比内补偿器的工作原理，难度中等。本题的目的是让学生熟悉巴比内补偿器的工作原理。

解：这是一个平行偏振光干涉系统，系统结构如图 4-29 所示。取补偿器光轴 c 平行于 y_1 轴。

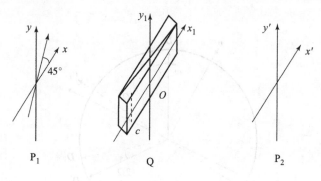

图 4-29 题 4.26 解（1）

当入射线偏振光振动方向与补偿器的主方向平行时，进入补偿器的只有一个本征振动，补偿器引入均匀位相延迟，看不到干涉条纹。

当线偏振光振动方位角 $\theta = 45°$ 时（图 4-29），入射线偏振光表示为

$$\boldsymbol{D} = \begin{bmatrix} D_x \\ D_y \end{bmatrix} = D_0 \begin{bmatrix} \cos45° \\ \sin45° \end{bmatrix}$$

设补偿器引入的附加位相差为 $\Delta\varphi$，则系统出射光的强度分布可按照正交尼科耳光路的平行偏振光干涉场强度公式计算，即

$$I_\perp = I_0 \sin^2\frac{\Delta\varphi}{2}\sin^2(2\alpha)$$

式中，α 表示入射线偏振光振动方向与补偿器光轴 c 之间夹角。如果补偿器光轴 c 平行于 y 轴，则 $\alpha = \theta = 45°$，则

$$I_\perp = I_0 \sin^2\frac{\Delta\varphi}{2}$$

将观察到一组干涉条纹，等强度线即等位相差 $\Delta\varphi$ 线。下面计算补偿器引入的附加位相差 $\Delta\varphi$，图 4-30 所示为补偿器垂直于光轴的主截面，设补偿器楔角 $\beta = 2.75°$，长度为 l，任意一条从坐标 x 处通过补偿器的光束，其本征 D_2 和 D_1 之间的附加位相差为

$$\Delta\varphi = \frac{2\pi}{\lambda}(h_2 - h_1)(n_e - n_o)$$

其中

$$h_1 = (l-x)\tan\beta, \quad h_2 = x\tan\beta$$

于是附加的位相差为

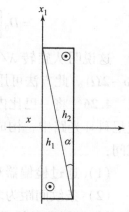

图 4-30 题 4.26 解（2）

$$\Delta\varphi = \frac{2\pi}{\lambda}(2x-l)(n_e - n_o)\tan\beta$$

强度极大值条件为

$$\Delta\varphi = \frac{2\pi}{\lambda}(2x-l)(n_e - n_o)\tan\beta = (2m+1)\pi$$

对其进行求导,有

$$\frac{4\pi}{\lambda}(n_e - n_o)\tan\beta dx = 2\pi dm$$

所以亮纹间距为

$$e = \left|\frac{dx}{dm}\right| = \frac{\lambda}{2|n_e - n_o|\tan\beta}$$

对于石英补偿器,求出亮纹间距 $e = 0.674$ mm;对于方解石补偿器,求出亮纹间距 $e = 0.036$ mm。

4.27 将一块厚度 $d = 25$ μm,光轴平行于表面的方解石晶片放在正交尼科耳光路中,若晶片主方向与起偏器方向呈 45°,试问当用平行白光($\lambda = 400 \sim 700$ nm)照明时,出射光中缺少哪些波长的光?如果改用平行尼科耳光路,情况如何?

【解题思路及提示】 本题考查的是偏振光的干涉,难度中等。本题的目的是让学生熟悉偏振光的干涉。

解:已知晶片主方向与起偏器方向的夹角 $\alpha = 45°$,晶片厚度 $d = 25$ μm,折射率分别为 $n_o = 1.6584$,$n_e = 1.4864$。应用正交尼科耳平行偏振光干涉场强度公式

$$I_\perp = I_1 \sin^2\frac{\Delta\varphi}{2}\sin^2 2\alpha$$

消光条件为

$$\Delta\varphi = \frac{2\pi}{\lambda}d(n_e - n_o) = 2m\pi$$

因此,消光波长为

$$\lambda = \frac{d(n_e - n_o)}{m}$$

解得,此时在 7~11 级的消光波长在 400~700 nm 范围内分别为

$$m = 7, \quad \lambda = 0.6143 \text{ μm}$$
$$m = 8, \quad \lambda = 0.5375 \text{ μm}$$
$$m = 9, \quad \lambda = 0.4916 \text{ μm}$$
$$m = 10, \quad \lambda = 0.4425 \text{ μm}$$
$$m = 11, \quad \lambda = 0.4022 \text{ μm}$$

同理，对于平行于尼科耳干涉光路的消光波长计算结果为

$$m = 6, \quad \lambda = 0.661\ 5\ \mu m$$
$$m = 7, \quad \lambda = 0.573\ 3\ \mu m$$
$$m = 8, \quad \lambda = 0.505\ 9\ \mu m$$
$$m = 9, \quad \lambda = 0.465\ 8\ \mu m$$
$$m = 10, \quad \lambda = 0.421\ 4\ \mu m$$

4.28 光学玻璃可按其内应力大小分为五类。为了便于测量，也可以按照由内应力双折射效应产生的光程差来分类。表 4-1 给出一个例子。假设对于 $\lambda = 589$ nm 的光，玻璃的布儒斯特常数 $C_B = 5 \times 10^{-7}$ m/N，试求各类玻璃相应的内应力大小（取三位有效数字）。

表 4-1 题 4.8 表

类别	Ⅰ	Ⅱ	Ⅲ	Ⅳ	Ⅴ
每厘米长度产生的误差	2 nm	6 nm	10 nm	20 nm	50 nm

【解题思路及提示】 本题考查的是应力双折射的原理和相关计算，难度较小。本题的目的是让学生熟悉应力双折射的原理和相关计算。

解：由题可得

$$n_e - n_o = C'_B \cdot \frac{F}{ad} = C_B \lambda \frac{F}{ad}$$

得内应力为

$$\sigma = \frac{F}{ad} = \frac{n_e - n_o}{C_B \lambda}$$

代入数据，得各类玻璃相应的内应力大小分别为

$$\sigma_I = \frac{2 \times 10^{-9}/10^{-2}}{5 \times 10^{-7} \times 589 \times 10^{-9}} = 0.679 \times 10^6\ N/m^2$$

$$\sigma_{II} = \frac{6 \times 10^{-9}/10^{-2}}{5 \times 10^{-7} \times 589 \times 10^{-9}} = 2.04 \times 10^6\ N/m^2$$

$$\sigma_{III} = \frac{10 \times 10^{-9}/10^{-2}}{5 \times 10^{-7} \times 589 \times 10^{-9}} = 3.40 \times 10^6\ N/m^2$$

$$\sigma_{IV} = \frac{20 \times 10^{-9}/10^{-2}}{5 \times 10^{-7} \times 589 \times 10^{-9}} = 6.79 \times 10^6\ N/m^2$$

$$\sigma_V = \frac{50 \times 10^{-9}/10^{-2}}{5 \times 10^{-7} \times 589 \times 10^{-9}} = 17.0 \times 10^6\ N/m^2$$

4.29 一克尔盒如图 4-31（教材）所示。已知其中盛有 CS_2 液体，其克尔常

数 $C_K = 3.56 \times 10^{-14}$ m/V^2，假设图中 $d = 200$ mm，两电极间距 $h = 4$ mm，所加电压 $U = 10^4$ V。入射偏振光的振动方向与电场方向呈 $45°$，试求出射椭圆偏振光的短轴、长轴之比 b/a。

【解题思路及提示】 本题考查的是电致双折射的原理及相关计算，难度较小。本题的目的是让学生了解电致双折射的原理及相关计算。

解： 克尔效应引入的位相差为

$$\Delta\varphi = 2\pi d C_K E^2 = 2\pi d C_K \left(\frac{V}{h}\right)^2 = 0.089\pi$$

由于 $D_{y0} = D_{x0}$，所以有

$$2\beta = \delta = \Delta\varphi = 0.089\pi, \text{ 即 } \beta = \Delta\varphi/2 = 0.0445\pi$$

得出射椭圆偏振光的短轴、长轴之比为

$$\frac{b}{a} = \tan\beta = \tan(0.0445\pi) = 0.1407$$

4.30 用图 4-32（教材）所示的装置观察 KDP 晶体的普克尔斯效应。已知电光系数 $r_{63} = 10.5 \times 10^{-12}$ m/V，$n_0 = 1.51$。试求该晶体对波长为 500 nm 的光的半波电压。

【解题思路及提示】 本题考查的是电致双折射的原理及相关计算，难度较小。

解： 纵向普克尔斯效应的半波电压为

$$V_{\frac{\lambda}{2}} = \frac{\lambda_0}{2n_0^3 r_{63}} = \frac{0.5 \times 10^{-6}}{2 \times 1.51^3 \times 10.5 \times 10^{-12}} = 6.915 \times 10^3 \text{ V}$$

4.31 一束偏振光通过一个盛有 CS$_2$ 液体的管子，已知管子长为 d，其上绕有 5 000 匝线圈。欲使偏振光的振动方向旋转 $45°$，试问线圈中的电流应多大？（提示：$B = \mu_0 NI/d$，国际单位制。其中 $\mu_0 = 1.26 \times 10^{-6}$ H/m 为真空磁导率，N 为匝数，I 为电流强度。CS$_2$ 的费尔德常数 $V_e = 750°/(\text{T}\cdot\text{m})$）

【解题思路及提示】 本题考查的是磁光效应和相关计算，难度较小。本题的目的是让学生了解磁光效应和相关计算。

解： 磁场 B 引起的线偏振光振动方向旋转角为

$$\alpha = V_e d B = V_e \mu_0 N I$$

所以电流强度

$$I = \frac{\alpha}{V_e \mu_0 N} = \frac{45°}{750° \times 1.26 \times 10^{-6} \times 5\,000} = 9.524 \text{ A}$$

模拟试题 A

一、简答题（48 分）

1. 已知真空介电常数为 ε_0，磁导率为 μ_0；非铁磁性介质的介电常数为 ε，磁导率 $\mu = \mu_0$。写出电磁波在真空和介质中的传播速度 c 和 v，以及介质折射率 n 的表达式。

2. 已知一个复杂波的复振幅为 $E(x) = \sin(2\pi\xi x) + \sin^2(2\pi\xi x)$，将其分解为一系列简谐平面波的线性叠加。写出各个简谐平面波成分（即各个傅里叶分量）的振幅、空间频率和初位相。

3. 一维衍射光栅的光栅常数为 d，如何用它测量光源谱线的波长？简述测量装置和测量方法。若两条很靠近的谱线不能分辨，那么应该采用何种手段来提高分辨本领？

4. 如果某动物眼的可见光波段不是 $0.4 \sim 0.7\ \mu m$，而是 $0.4 \sim 0.7\ mm$ 波段，而瞳孔直径仍然和常人相同（约 4 mm）。试利用衍射基本理论来描述此动物眼所看见的外界景物会是一幅什么样的图像？

5. 两束平面波干涉，已知波长为 λ，两束光的夹角为 θ，写出干涉条纹的空间频率或空间周期的表达式。若光波波长 $\lambda = 0.5\ \mu m$，那么干涉条纹空间周期的最大值和最小值各为多少？

6. 设一束偏振方位角为 $\theta\left(0 \leq \theta \leq \dfrac{\pi}{2}\right)$ 的线偏振光通过一个巴比内补偿器，使得从补偿器上不同位置出射光波的偏振态各不相同。表 A-1 的第 1 行给出了在补偿器上不同空间位置引入的位相差 $\Delta\varphi$，请在第 2 行的对应位置示意性地画出出射偏振光的振动图。（注意，应标出旋向）

表 A-1

$\Delta\varphi$	0	$\dfrac{\pi}{4}$	$\dfrac{\pi}{2}$	$\dfrac{3\pi}{5}$	π	$\dfrac{4\pi}{3}$	$\dfrac{3\pi}{2}$	$\dfrac{5\pi}{3}$
D 振动图								

二、计算题（52分）

1. （16分）在如图 A-1 所示的单缝夫琅和费衍射装置中，S_0 为 P 平面上波长为 λ 的单色点光源，L_0 为准直透镜，焦距为 f_0，单缝沿 ξ 方向的宽度为 a_0，观察透镜 L 的焦距为 f，Π 为观察平面。

（1）当点光源位于 z 轴上 S_0 处时，导出单缝夫琅和费衍射的复振幅 $E(x,y)$ 和辐照度 $L(x,y)$ 的公式。描述衍射图形的形状，给出衍射辐照度极大值的位置和中央亮斑的宽度。

（2）当点光源沿 x_0 方向移动距离 b，到达 S_1 时，导出衍射辐照度公式，并说明衍射图形有何变化。若 S_0 沿 y_0 方向移动，衍射图形又有何变化？

（3）当单缝宽度 a_0 减小时，衍射图形如何变化？当 a_0 减小到何值时，衍射图形中是否不再出现暗纹？

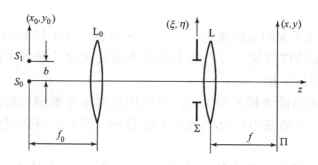

图 A-1

2. （18分）在图 A-2 所示的杨氏双缝干涉装置中，S_1 和 S_2 为长度方向平行于 η 轴的双狭缝，缝长不限，缝间距为 l。用轴上线光源 S_0 发出的柱面波均匀照明，光波长为 λ。观察面 Π 距离双缝为 d。

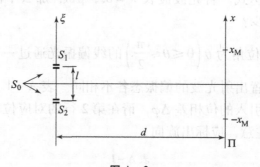

图 A-2

（1）不考虑单缝宽度，导出观察面 Π 上沿 x 轴的干涉场强度分布。

（2）现在考虑双缝的宽度均为 a，且 $a \ll d$，求出 Π 平面上沿 x 轴的干涉场强度分布，并画出示意图。（提示：由于 $a \ll d$，因此可作夫琅和费近似。）

(3) 设 $\lambda = 0.6~\mu m$,$d = 2\,000$ mm,$a = 0.05$ mm,Π 屏上有效观察范围为 $(-x_M, x_M)$,$x_M = 10$ mm,求 Π 屏上边缘亮纹和中心亮纹的强度比。

3. (18 分) 如图 A-3 所示,起偏器 P 和检偏器 A 正交放置,起偏器 P 主方向平行于 x 轴,检偏器 A 主方向平行于 y 轴,在两偏振片之间放入一片 $\lambda/4$ 波片,其快轴方向与 x 轴夹角为 α。用一束自然光单色平面波正入射通过该系统。设起偏器出射光波为 $\boldsymbol{D}_0$,强度为 I_0,则

(1) 导出出射光强 I 与 α 的关系。

(2) 若在起偏器后波片前插入一块 $d = 3$ mm、$\rho = 15~°/mm$ 的左旋石英晶片(光轴垂直于晶片表面),导出出射光强 I 与 α 的关系。

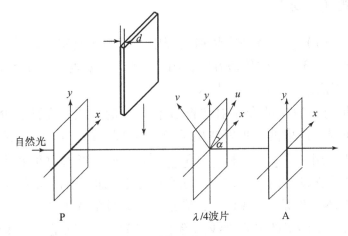

图 A-3

(提示:$\lambda/4$ 波片琼斯矩阵 $\boldsymbol{M}_{\frac{\lambda}{4},\alpha} = \begin{bmatrix} \cos^2\alpha + j\sin^2\alpha & \sin\alpha\cos\alpha(1-j) \\ \sin\alpha\cos\alpha(1-j) & \sin^2\alpha + j\cos^2\alpha \end{bmatrix}$;检偏器琼斯矩阵 $\boldsymbol{M}_{P,90°} = \begin{bmatrix} 0 & 0 \\ 0 & 1 \end{bmatrix}$)

模拟试题 B

一、填空题（20分）

1. 波动即___(1)___。光波在传播过程中，等相面或波面表示___(2)___，波面的法线方向即___(3)___的传播方向，用___(4)___来表示，而能量传播的方向，即光线的方向，则用___(5)___来表示。

2. 光波从折射率为 n_1 的介质射向折射率为 n_2 的介质，在两种介质的界面上，将发生反射和折射。反射波、折射波相对于入射波将在___(1)___等几个方面发生变化，这些变化可用___(2)___和___(3)___来表示。当入射角 θ_i 等于___(4)___时，反射波将成为振动方向___(5)___的线偏振光，而折射波将成为___(6)___。

3. 干涉的基本条件是___(1)___，满足这些条件的光波称为___(2)___。无论哪种类型的干涉，干涉场的等强度线都等于___(3)___，满足强度取极大值的条件是___(4)___，满足这一条件的干涉又称为___(5)___。

4. 波片是___(1)___的双折射晶片。波片最重要的两个参数是 $\Delta\varphi$ 和"快轴"（u）或"慢轴"（v）的方向。$\Delta\varphi$ 表示波片对入射偏振光的两个正交偏振方向引入的附加位相差，$\Delta\varphi$ 的计算公式是___(2)___，并且规定：当把 $\Delta\varphi$ 移至___(3)___区间后，___(4)___方向的振动比___(5)___方向的振动多 $|\Delta\varphi|$ 的位相延迟。正单轴晶体的"快轴"（u）和光轴方向___(6)___，负单轴晶体的"快轴"（u）和光轴方向___(7)___。

二、简答题（42分）

1.（12分）什么是衍射受限分辨本领？结合画图说明什么是瑞利判据。

（1）对于具有圆形光瞳的光学系统，用瑞利判据确定的最小分辨距离 δx 等于多少？

（2）望远镜的衍射受限分辨本领如何表示？

（3）提高望远镜的衍射受限分辨本领有哪些途径？

2.（15分）用平面波正入射照明时，一维振幅光栅夫琅和费衍射的辐照度表

示为

$$L(p) = N^2 I_0 \mathrm{sinc}^2\left(\frac{a}{d}\frac{\Delta\varphi}{2\pi}\right)\left\{\sum_{m=-\infty}^{\infty}\mathrm{sinc}\left[N\left(\frac{\Delta\varphi}{2\pi}-m\right)\right]\right\}^2$$

式中，a、d、N 分别表示光栅缝宽、缝距和缝数；$\Delta\varphi = \frac{2\pi}{\lambda}d\sin\theta$ 表示相邻栅缝衍射波的位相差。

(1) 如何确定各级干涉主亮纹的位置？（用衍射角 θ 表示）

(2) 如何确定干涉主亮纹的位相宽度？当 $N\to\infty$ 时，衍射图形有何变化？

(3) 如何确定各级干涉主亮纹的相对强度？当 $a\to 0$ 时，衍射图形有何变化？

3. (15 分) 一束平行钠光以 45°自空气射向方解石晶体，假定晶体光轴平行于界面并且垂直于入射面，如图 B-1 所示。

(1) 试用折射率面作图法画出晶体内 o 光和 e 光的波矢方向和振动方向。

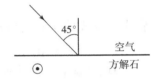

图 B-1

(2) 分析归纳晶体中 o 光和 e 光的传播性质。

三、计算题（38 分）

1. (20 分) 如图 B-2 所示，为海定格干涉仪光路图。其中，B 是标准平晶，其下表面为标准平面；A 是待测平晶，其上表面为待测平面，由 B 的下表面和 A 的上表面构成一个空气平行平板。分束镜 BS 和扩展单色光源 S 提供了对称于仪器光轴 OF 且入射角 i 不同的照明光束。透镜 L 后焦面 Π 为干涉定域面。

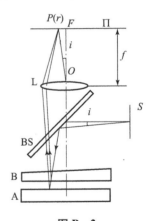

图 B-2

(1) 设空气平行平板厚度为 d，空气折射率 $n_2=1$，两侧玻璃折射率为 n_1，光波长为 λ_0，导出由空气平板产生的两束相干光波的光程差 $\Delta\varphi$。

(2) 分析 Π 平面上海定格条纹的形状和分布特点，设 $d=1$ mm，$\lambda_0=0.5$ μm，试问海定格干涉图形的中心是亮斑还是暗斑？

(3) 试描述应用海定格干涉条纹检验被测平晶平面度的原理，如何判断被测平晶是高光圈（中心凸）还是低光圈（中心凹）？

(4) 如果将光源换成单色平行光，并稍微倾斜被测平晶 A，用人眼代替透镜 L，直接调焦到被测平晶上表面，可观察到什么形状的干涉图形？此时怎样利用干涉条纹来测量平晶的平面度？

2. (18 分) 如图 B-3 所示为一块平行平面的石英晶片，光轴平行于入射表面，晶片厚度 $d=1.125$ mm。用一束波长 $\lambda_0=0.5$ μm 的线偏振光 D 垂直射入石英

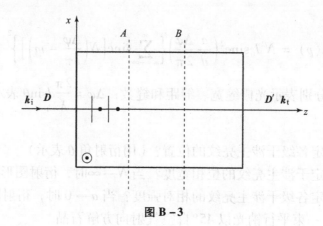

图 B-3

晶片，设线偏振光的振动方向与晶片光轴方向的夹角 $\theta = 45°$。

(1) 分析线偏振光通过石英晶片后有什么变化？求出出射光 D' 的琼斯矩阵，说明 D' 的偏振态，并画出相应的振动图。

(2) 已知石英晶片中截面 A 到入射表面的距离 $d_A = 0.5125$ mm，截面 B 到入射表面的距离 $d_B = 0.73$ mm。分别求出截面 A 处的偏振光 D_A 和截面 B 处的偏振光 D_B 的琼斯矩阵，说明 D_A 和 D_B 的偏振态，并画出相应的振动图。

（提示：设石英晶体对波长 $\lambda = 0.5$ μm 的绿光 $n_o = 1.54$，$n_e = 1.55$）

模拟试题 C

一、名词解释（10分）

1. 相干条件　　2. 波片

二、填空题（20分）

1. 真空和均匀各向同性介质的介电常数和磁导率分别是 ε_0、μ_0 和 ε、μ，则同一简谐波在真空中的速度为____(1)____，在介质中的速度为____(2)____。若一维简谐波的时间频率为 ν_0，则其在真空中的空间频率为____(3)____，在介质中的空间频率为____(4)____，在介质中的时间频率为____(5)____。

2. 对于同轴观察系统，海定格干涉仪的干涉条纹为____(1)____。内____(2)____外____(3)____（疏密），具有中心最____(4)____（小或大）干涉级。当观察到条纹收缩时，可判断平板的厚度 d ____(5)____。

3. 使用线偏振器可以检验入射光波的偏振态，使线偏振器绕光束传播方向旋转一周，若观测到两个强度极大值位置和两次消光的位置，则可判定入射光波是____(1)____；若观测到的出射光强不变，则可判定入射光波可能是____(2)____或____(3)____；若观测到的出射光强有两个强度极大值位置和两个强度极小值位置，但无消光的位置，则可判定入射光波可能是____(4)____或____(5)____。

4. 光栅是一种分光元件，评价一维振幅光栅分光性能的主要指标是：____(1)____；____(2)____；____(3)____。光栅缝数 N 和干涉级 m 越大，分辨本领就越____(4)____。按照光栅方程，正入射照明条件的最大干涉级为____(5)____。

三、简答题（40分）

1. （10分）简述干涉和衍射的区别和联系。菲涅尔衍射和夫琅和费衍射有什么不同？若要在近场观察夫琅和费衍射，需要怎么做？

2. （10分）在杨氏试验中（图C-1），以下情况发生时，条纹如何变化？

(1) S_1、S_2 之间的距离增加。

(2) a 减小。

(3) S_0 向正 ξ 轴移动。

(4) S_0 向正 ζ 轴移动。

(5) S_0 位置如图，沿 ζ 轴扩展成平行于 z_0 方向的线光源。

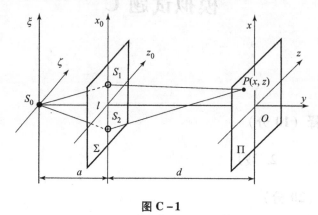

图 C-1

3.（10 分）采用两个线偏器和一个 $\lambda/4$ 波片，如何区分线偏振光、自然光、圆偏振光、椭圆偏振光、部分圆偏振光、部分线偏振光、部分椭圆偏振光？描述检验过程。（注：部分圆偏振光是自然光和圆偏振光的组成，部分线偏振光是自然光和线偏振光的组成，部分椭圆偏振光是自然光和椭圆偏振光的组成。）

4.（10 分）如图 C-2 所示为单缝夫琅和费衍射装置，S 为点光源，L_1 和 L_2 为理想薄透镜，ξ 轴上 Σ 为衍射屏，屏上有一宽度为 a 的沿垂直于纸面的无限长单缝，请描述该衍射图形在观察屏 Π 上的分布，并讨论当装置作如下变化时衍射图形的变化：

(1) 其他条件不变，透镜 L_2 的焦距 f_2 变大。

(2) 其他条件不变，衍射屏 Σ 沿 ξ 轴平移，但不超出入射光的照明范围。

(3) 其他条件不变，点光源 S 沿 x 方向有微小移动。

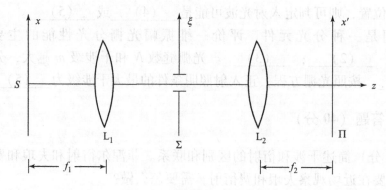

图 C-2

三、计算题（30分）

1. （10分）在如图 C-3 所示的双缝夫琅和费衍射装置中，双缝 S_1、S_2 的间隔 $d=4a$，缝宽 $a=125$ nm，用波长 $\lambda=500$ nm 的单位振幅单色平面波正入射照明。在焦距 $f=50$ mm 的理想透镜 L 的后焦面 Π 观察。

(1) 导出 Π 平面上夫琅和费衍射的辐照度公式，画图说明沿 x 方向的辐照度分布规律，并标出各个极大、极小点的位置坐标。

(2) 在图 C-3 所示的装置中，如果在缝 S_1 后面加入一块厚度为 h、折射率为 n 的玻璃片。试导出此时 Π 平面上衍射图形的辐照度分布。若 $h=0.00125$ mm，$n=1.5$，画图说明 Π 平面上沿 x 方向的辐照度分布规律，并标出中心点 F 附近的极大、极小点的位置坐标。

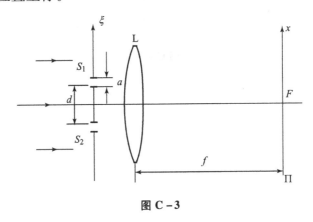

图 C-3

2. （10分）两束波长为 600 nm 的单色平面波，入射方向如图 C-4 所示，振动方向均垂直于图面，$\alpha_1=\alpha_2=45°$。k_1 波的振幅为 2，k_2 波的振幅为 1。它们在原点处的初位相都为 0。传播介质为空气。

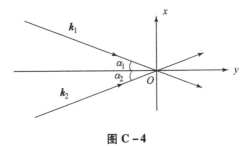

图 C-4

(1) 写出这两束平面波的波函数和复振幅表达式。

(2) 求 x 轴上的干涉场分布、亮纹和暗纹位置以及强度、条纹空间频率、对比度。

3. （10分）如图 C-5 所示，自然光通过主方向与 x 轴呈 30°的线偏振器后，

依次通过了 $\lambda/2$、$\lambda/4$、$\lambda/2$ 波片，三波片快轴沿 y 轴方向。若入射光强为 I_0，求解透过光的光强和偏振状态，并画图说明。（可用矢量分解法或琼斯矩阵法求解）。

提示：波片的琼斯矩阵为（α 为波片快轴与 x 轴的夹角）

$$M_{\lambda/2} = \begin{bmatrix} \cos 2\alpha & \sin 2\alpha \\ \sin 2\alpha & -\cos 2\alpha \end{bmatrix}$$

$$M_{\lambda/4} = \begin{bmatrix} \cos^2\alpha + j\sin^2\alpha & \sin\alpha\cos\alpha(1-j) \\ \sin\alpha\cos\alpha(1-j) & \sin^2\alpha + j\cos^2\alpha \end{bmatrix}$$

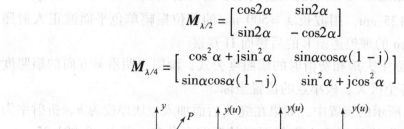

图 C-5

模拟试题 D

一、判断题。下面表述中,正确填 T,错误填 F。(10 分)

(   ) 1. 波动是振动能量在空间的传播。光波在传播过程中,其波面的法线方向即波的传播方向,总是与能量传播的方向相同。

(   ) 2. 自然光以 60°的入射角照射到不知其折射率的某一透明各向同性介质表面时,反射光为线偏振光,则折射光为部分偏振光,折射角为 30°。

(   ) 3. 在任何情况下,光波的电位移矢量振动方向均与传播方向垂直,即光波是横波。

(   ) 4. 平面波电场振动方向一定与磁场振动方向相垂直。

(   ) 5. 夫琅和费衍射图形的扩展程度表征了衍射效应的强弱。衍射图形的扩展程度与衍射孔径的空间尺寸,以及照明光波的波长都成正比。

(   ) 6. 线偏振光通过 $\lambda/4$ 波片后,一定变为椭圆偏振光。

(   ) 7. 从分光方式来说,牛顿干涉仪和海定格干涉仪都是典型的分振幅型干涉装置,使用同轴光学系统时都可以看到同心圆环状的干涉条纹,并且其条纹的中央干涉级最小。

(   ) 8. 衍射现象的发生和光源的性质无关,和障碍物的性质有关。

(   ) 9. 当采用单色面光源时,杨氏干涉的干涉条纹对比度将下降,且条纹间距增大。

(   ) 10. 当平面波照射进入单轴晶体时,无论入射光波的方向如何,出射光波的 o 光折射率都不发生变化。

二、选择题 (20 分)

1. 光波在各向同性介质表面发生折反射的过程中,反射光波与入射光波相比,不发生变化的是(   )。

(A) 光强 　　　　　　　　　　(B) 传播方向
(C) 偏振状态　　　　　　　　　(D) 光波波长

2. $E = E_0 \exp[-j(\omega t + kz)]$ 与 $E = E_0 \exp[-j(\omega t - kz)]$ 描述的是（　　）光波。

(A) 沿正 z 方向传播的平面
(B) 沿负 z 方向传播的平面
(C) 分别沿正 z 和负 z 方向传播的平面
(D) 分别沿负 z 和正 z 方向传播的平面

3. 分振幅双光束干涉装置是借助光波在介质平板上、下表面的折、反射实现分光的。平行平板分振幅干涉装置中，不影响上、下表面两束反射光波位相差的是（　　）。

(A) 介质折射率　　　　　　　　(B) 平板厚度
(C) 光波波长　　　　　　　　　(D) 观察平面位置

4. 使用线偏振器可以检验入射光波的偏振态，当入射光通过一块线偏器，使线偏器绕光轴旋转一周，若观察到出射光强有变化，但无消光的位置，则入射光是（　　）。

(A) 自然光　　　　　　　　　　(B) 自然光或圆偏振光
(C) 部分偏振光或椭圆偏振光　　(D) 线偏振光

5. 在杨氏干涉实验中，在两缝后各置一个完全相同的偏振片，并使它们的偏振化方向分别与缝呈 90°和 0°，则屏上（　　）。

(A) 干涉条纹消失，平均亮度为零
(B) 干涉条纹不变，平均亮度减半
(C) 干涉条纹位置改变，平均亮度
(D) 干涉条纹消失，平均亮度减半

6. 下列哪一种干涉现象不属于分振幅干涉？（　　）

(A) 薄膜干涉　　　　　　　　　(B) 迈克耳逊干涉
(C) 杨氏干涉　　　　　　　　　(D) 法—珀干涉

7. 在一束可见光垂直照射到一周期光栅上，形成的同一级光栅光谱中，偏离中央明纹最大的是（　　）。

(A) 红光　　　　　　　　　　　(B) 绿光
(C) 紫光　　　　　　　　　　　(D) 蓝光

8. 至少采用（　　）个偏振片可以将线偏振光的偏振方向旋转 90°。

(A) 1 个　　　　　　　　　　　(B) 2 个
(C) 3 个　　　　　　　　　　　(D) 4 个

9. 使用并旋转偏振片对入射光进行检验，以下入射光（　　）的检验结果和其他不同。

(A) 部分椭圆偏振光　　　　(B) 椭圆偏振光
(C) 部分线偏振光　　　　　(D) 线偏振光

10. 若要提高天文望远镜的分辨率，可以（　　）。
(A) 采用波长更小的探测光
(B) 增大探测光的波长
(C) 减小望远镜透镜的尺寸
(D) 增加望远镜的放大率

三、简答题（30 分）

1.（6 分）图 D-1 所示为两等光强球面波干涉时干涉场强度分布示意图，简述图 D-1 中 Π_2 平面上的干涉图形分布特点。并分析，若 S_1 和 S_2 点源的距离变大，Π_2 平面上的干涉图形如何变化？若 S_1 和 S_2 点源的强度不再相等，S_1 逐渐增强，S_2 逐渐减弱，干涉图形又有何变化？

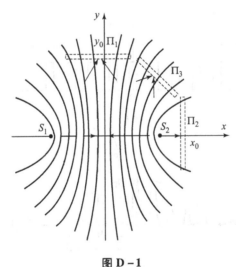

图 D-1

2.（6 分）单缝夫琅和费衍射装置如图 D-2 所示，衍射屏 Σ 上的单缝，缝宽为 d。讨论装置作如下变化时对衍射图形的影响。
(1) 缝宽 d 减小。
(2) Σ 屏沿 ξ 轴平移，但不超出入射光照明范围。
(3) Σ 屏绕 z 轴旋转。
(4) 光源 S 是点光源，沿 $+x$ 有移动。
(5) S 变为平行于狭缝的线光源。
(6) S 变为白光点光源。

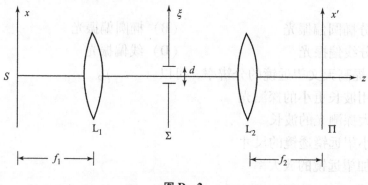

图 D-2

3. （6分）如图 D-3 所示的一维振幅光栅夫琅和费衍射辐照度分布为

$$L(P) = N^2 I_0 \mathrm{sinc}^2\left(\frac{a}{d}\frac{\Delta\varphi}{2\pi}\right)\left\{\sum_{m=-\infty}^{\infty}\mathrm{sinc}\left[N\left(\frac{\Delta\varphi}{2\pi}-m\right)\right]\right\}^2$$

试分析 a、d、N 对衍射图形的影响（包括主亮纹位置、主亮纹宽度、主亮纹强度和缺级条件）。

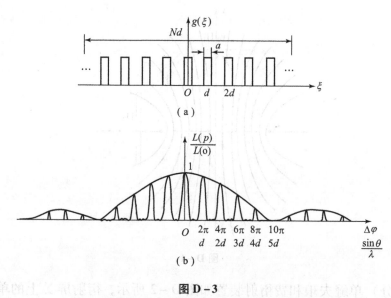

图 D-3

（a）一维振幅光栅；（b）一维振幅光栅夫琅和费辐照度分布

4. （6分）采用两个线偏器和一个 $\lambda/4$ 波片，如何区分自然光、圆偏振光和部分圆偏光？画图并描述检验过程。（注：部分圆偏光是自然光和圆偏光的组成）

5. （6分）如图 D-4 所示，一束单色自然平面波从空气进入渥拉斯顿棱镜。经渥拉斯顿棱镜分光后的两束光波分别照明杨氏干涉装置的两个小孔。忽略光波在分光过程中引入的位相差，假设两束光波在到达小孔 S_1 和 S_2 时位相相同，并忽略晶体的吸收。

（1）分析此装置的光路原理，并分析此时Ⅱ屏上的光强分布情况。

（2）假设在 S_1 后插入一块 $\lambda/2$ 波片，如图中虚线框所示，此时Ⅱ屏上的可能的光强分布情况又如何？

（3）若希望Ⅱ屏上观察到的图形有最大反衬度，应如何放置 $\lambda/2$ 波片？

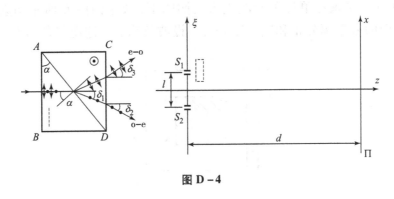

图 D - 4

四、计算题（40分）

1.（10分）有一简谐平面电磁波在玻璃内传播，已知其波函数为

$$\begin{cases} E_x = E_y = 0 \\ E_z = E_0\cos\left[\pi \times 10^{15}\left(\dfrac{x}{0.65c} - t\right)\right] \end{cases}$$

（1）试求该波的频率、波长和传播速度，并求出玻璃的折射率。

（2）指出其振动方向和传播方向。

（3）写出这个波的磁感应强度 B 的分量表达式。

2.（10分）如图 D - 5 所示，凸透镜前焦面上有三个相干点光源，位置坐标分别为 $A(3,0)$，$B(0,0)$，$C(-3,0)$，凸透镜的焦距 $f = 3\sqrt{3}$（单位：cm），光波长 $\lambda = 500$ nm。

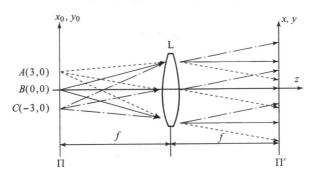

图 D - 5

（1）分别写出 A、B、C 发出的光波经透镜折射后，传播到透镜后焦面 Π' 上的复振幅分布。（注：不考虑三个光波振幅的绝对值，振动方向一致，为此，可假设三个光波的振幅都为 E_0，并设三个光波在 Π' 平面原点处的初位相为 0。）

（2）计算 Π' 平面上光场的复振幅和光强度分布。

3.（10 分）试求在单位平面波正入射照明下，如图 D-6 所示衍射屏的夫琅和费衍射图形的复振幅分布和辐照度分布。设波长为 λ，透镜焦距为 f。

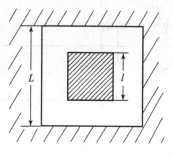

图 D-6

4.（10 分）一线偏振光正入射在光轴平行于表面的方解石晶片（$n_o = 1.66$，$n_e = 1.49$）上，如果入射振动方向与光轴成 30°，晶片内 o 光与 e 光相对强度如何？在图 D-7 中画出 o 光和 e 光的振动方向？哪束光相位延迟较多？若要出射光形成左旋正椭圆偏振光，晶片的最小厚度如何？（$\lambda = 589.3$ nm）

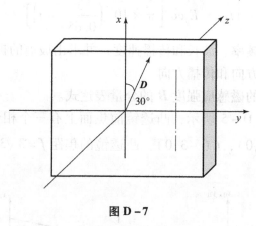

图 D-7

模拟试题 E

一、判断题。下面表述中，正确填 T，错误填 F。（20 分）

( ) 1. 自然光以 60°入射角照射到某两介质交界面时，反射光为线偏振光，折射光是部分偏振光，但须知两种介质的折射率才能确定折射角。

( ) 2. 自然光由空气入射到玻璃表面，反射光可能是垂直于入射面振动的完全偏振光。

( ) 3. 光线的方向就是光波传播的方向，即波矢 k 的方向。

( ) 4. 从分光方式来说，牛顿干涉仪和海定格干涉仪都是典型的分振幅型干涉装置，使用同轴光学系统时都可以看到同心圆环状的干涉条纹，并且其条纹的中央干涉级最小。

( ) 5. 产生稳定干涉图样的条件：两光波频率相同、相位差恒定、振动方向相同。

( ) 6. 衍射光栅的角色散正比于光栅常数。

( ) 7. 望远镜的分辨本领取决于望远系统的口径和工作波长。

( ) 8. 单缝夫琅和费衍射装置单缝沿垂直于缝的方向平移，但不超出入射光照明范围时，衍射图形随缝的移动而发生平移。

( ) 9. 光在各向同性介质中传播一定不会发生双折射现象，在各向异性介质中传播一定会发生双折射现象。

( ) 10. 自然光照射在一对正交的线偏器 P_1 和 P_2 上，可以消光。如果在 P_1 和 P_2 之间插入第三块线偏器 P_3，无论如何转动 P_3，都没有光透过 P_2。

二、选择题（20 分）

1. 在相同时间内，一束波长为 λ 的单色光在空气中和在玻璃中传播，下列表述正确的是（　　）。

（A）传播路程相等，光程相等

（B）传播路程相等，光程不相等

（C）传播路程不相等，光程相等

（D）传播路程不相等，光程不相等

2. 下列叙述中，与光的波动性有关的是（　　）。

（A）用光纤传播光信号

（B）水面上的彩色油膜

（C）一束白光通过三棱镜形成彩色光带

（D）爱因斯坦光电效应

3. 一束光以布儒斯特角射向介质界面，反射光的偏振度为（　　）。

（A）25%　　　　　　　　　　（B）50%

（C）75%　　　　　　　　　　（D）100%

4. 在杨氏干涉实验中，在两缝后各置一个完全相同的偏振片，并使它们的偏振主方向分别与缝成45°和0°，则屏上（　　）。

（A）干涉条纹位置不变，对比度变大

（B）干涉条纹位置不变，对比度变小

（C）干涉条纹位置不变，对比度不变

（D）干涉条纹位置改变，对比度不变

5. 增大法—珀干涉条纹的细度，即减小干涉条纹宽度，可采取（　　）。

（A）增大上下表面反射率 ρ　　　（B）减小上下表面反射率 ρ

（C）增大上下表面距离 d　　　　（D）减小上下表面距离 d

6. 以轴上点 P 为中心向圆孔划菲涅尔环带，相邻奇偶环带对 P 点的位相差为（　　）。

（A）$\pi/2$　　　　　　　　　　（B）π

（C）$3\pi/2$　　　　　　　　　（D）2π

7. 不同波长的光波经过同一光栅衍射，同一衍射级具有最大衍射角的是（　　）。

（A）红光　　　　　　　　　　（B）黄光

（C）蓝光　　　　　　　　　　（D）紫光

8. 如果只能使用下面的一种偏振器件，不能使一个线偏振光旋转90°的是（　　）

（A）偏振片　　　　　　　　　（B）全波片

（C）$\lambda/2$ 波片　　　　　　　　（D）$\lambda/4$ 波片

9. 部分线偏振光可视为自然光和线偏振光的混合。一束部分线偏振光入射一偏振片，旋转偏振片，测得透射光强度的最大值是最小值的 5 倍，那么入射光的偏振度为（　　）。

(A) 1/2 (B) 1/3
(C) 2/3 (D) 4/5

10. 光波在正单轴晶体中沿光轴方向传播，晶体内光波 D 矢量对应的振动方向有（　　）。

(A) 1个 (B) 2个
(C) 4个 (D) 无数个

三、简答题（30分）

1.（6分）什么是布儒斯特定律？什么是布儒斯特角？如何尽量增大反射线偏振光的强度？全反射角和布儒斯特角有什么不同？哪个角度大？为什么？

2. 强度为 I_0 的自然光通过正交放置的两个偏振器后，出射光为0。在不改变原偏振器的条件下，要想出射光的强度为 $I_0/2$，应如何设计光路？请画光路图并加以说明。

3.（6分）两束单色平面波干涉，设光波长为 λ，两束光的夹角为 θ。干涉场的等强度面是什么形状的？如何计算干涉条纹的空间周期和空间频率？设 $\lambda = 0.5\ \mu m$，空间周期和空间频率的上限和下限分别是多少？条纹的反衬度与什么有关？如何获得全对比的干涉条纹？

4.（6分）什么是理想光学系统？什么是衍射受限光学系统？什么是瑞利判据？

5.（6分）一束光从折射率为 n_i 的各向同性介质正入射到正单轴晶体（$n_e > n_o$），晶体的光轴平行于界面，试用折射率面作图法画出波矢 k_r、k_{t1}、k_{t2} 方向，电位移矢量 D_{t1}、D_{t2} 和电场强度矢量 E_{t1}、E_{t2} 的振动方向，以及坡印亭矢量 S_{t1}、S_{t2} 的方向。

四、计算题（30分）

1.（8分）如图 E-1 所示，一束振动方向垂直于入射面的简谐平面波 E_i 以入射角 θ_i 射向折射率分别为 $n_1 = 1$ 和 $n_2 = \sqrt{3}$ 两种均匀各向同性介质的界面。设入射面为 (x, z) 坐标平面，入射波 E_i 的振幅 $E_0 = 10\ V/m$，光波长 $\lambda = 0.5 \times 10^{-6}$，在 O 点的初位相 $\varphi_0 = 0$，入射角 $\theta_i = 60°$。

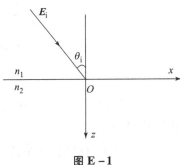

图 E-1

(1) 试描述反射波 E_r 和折射波 E_t 的振幅、相位、偏振、方向的性质。

(2) 写出入射波 E_i、反射波 E_r 和折射波 E_t 的波函数。

2. （8分）两个真空中的相干点光源 S_1 和 S_2，波长都是 λ。如图 E-2 所示，S_1 位于 $(0,0,-z_0)$，发出球面波 E_1，传播距离为 1 处的振幅为 E_{10}。S_2 位于 xOz 平面内无穷远处的轴外点上，发出平面波 E_2，振幅为 E_{20}，且 E_2 传播方向与 z 轴夹角为 θ，两束光在原点处同位相。求两束光波在 xOy 平面上的干涉场强度分布，并描述干涉条纹的性质：亮纹和暗纹的位置、空间周期和频率、反衬度等。

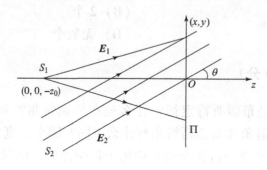

图 E-2

3. （7分）如图 E-3 所示为一块用方解石制造的 20 级（$m = 20$）的 $\lambda/4$ 波片，已知 $n_o = 1.6458$，$n_e = 1.4864$，$\lambda = 0.5\ \mu m$，C 为晶体的光轴方向，d 为晶体的厚度。

（1）标出此波片的快轴（u）方向。

（2）当入射光分别是自然光、线偏振光、圆偏振光时，分析从波片出射的光波有什么可能的偏振态，对于每一种可能的偏振态，陈述你的理由。

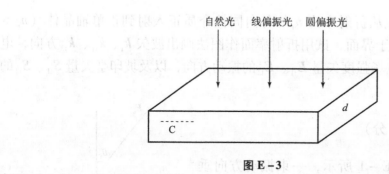

图 E-3

4. （7分）如图 E-4 所示，一振幅为 1 的无限大平面波垂直入射到一开有双缝的孔径上：

（1）求该双缝在 z 距离处的夫琅和费衍射强度分布（设 $X \to \infty$，$Y = 10\lambda$，$z = 10\,000\lambda$，z 是观察距离，λ 是波长）。

（2）如果该平面波沿 Y 方向倾斜 θ，其他条件不变，试分析双缝在 z 距离处的夫琅和费衍射强度分布。

（3）如果该双缝沿 X 方向平移一段距离 L，其他条件不变，试分析双缝在 z 距离处的夫琅和费衍射强度分布。

（4）如果逐渐减少双缝间距离 Δ，直到 $\Delta \to 0$，试分析双缝在 z 距离处的夫琅和费衍射强度分布。

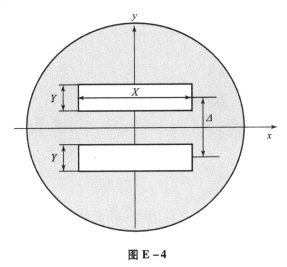

图 E-4

参 考 文 献

[1] 刘娟,胡滨,周雅. 物理光学基础教程[M]. 北京:北京理工大学出版社,2017.

[2] 谢敬辉,赵达尊,阎吉祥. 物理光学[M]. 北京:北京理工大学出版社,2005.

[3] 赵达尊,张怀玉. 波动光学[M]. 北京:宇航出版社,1986.

[4] 梁铨廷. 物理光学[M]. 北京:电子工业出版社,2009.

[5] 刘翠红. 物理光学学习指导与题解[M]. 北京:电子工业出版社,2009.

[6] 波恩·M,沃耳夫·E. 光学原理——光学的传播、干涉和衍射的电磁理论(上、下册)[M]. 张霞荪,等译. 北京:科学出版社,1981.

[7] 姚启钧. 光学教程[M]. 北京:高等教育出版社,1981.

[8] 母国光,战元龄. 光学[M]. 北京:人民教育出版社,1979.

[9] 廖延彪. 物理光学[M]. 北京:电子工业出版社,1986.

[10] 苏显渝,李继陶. 信息光学[M]. 成都:四川大学出版社,1995.

[11] 羊国光,宋菲君. 高等物理光学[M]. 合肥:中国科学技术大学出版社,1991.

[12] 严瑛白. 应用物理光学[M]. 北京:机械工业出版社,1990.

[13] 梁栓廷. 物理光学理论与习题[M]. 北京:机械工业出版社,1985.

[14] 赵凯华,钟锡华. 光学[M]. 北京:北京大学出版社,1989.

[15] G·R·福尔斯. 现代光学导论[M]. 陈时胜,等译. 上海:上海科学技术出版社,1980.

[16] 石顺祥,张海兴. 物理光学与应用光学[M]. 西安:西安电子科技大学出版社,2000.

[17] 蔡履中,王成彦,周玉芳. 光学[M]. 济南:山东大学出版社,2002.

[18] 尤金·赫克特. 光学(理论和习题)[M]. 曾贻伟,等译. 北京:北京师范

大学出版社，1981.

[19] 顾本源，张岩，刘娟，等. 光学中的逆源问题 [M]. 北京：科学出版社，2016.

[20] 金国藩，严瑛白，邬敏贤，等. 二元光学 [M]. 北京：国防工业出版社，1998.

[21] 韩军，段存丽. 物理光学学习指导 [M]. 西安：西北工业大学出版社，2005.

[22] 钟锡华，驼武刚，邓淑琴. 光学习题思考题解答 [M]. 北京：北京大学出版社，2006.